Hua Zhuan

花馔

潘胜利 ／ 著

羊城晚报出版社
·广州·

图书在版编目（CIP）数据

花馔 / 潘胜利著. —广州：羊城晚报出版社，
2016.7

ISBN 978-7-5543-0328-3

Ⅰ. ①花… Ⅱ. ①潘… Ⅲ. ①花卉—食物养生—
食谱 Ⅳ. ①TS972.161

中国版本图书馆CIP数据核字（2016）第148766号

花馔
Hua Zhuan

策划编辑	朱复融
责任编辑	朱复融
责任技编	张广生
装帧设计	友间文化
责任校对	董　琳
出版发行	羊城晚报出版社

（广州市天河区黄埔大道中309号羊城创意产业园3-13B　邮编：510665）

网址：www.ycwb-press.com

发行部电话：（020）87133824

出 版 人	吴　江
经　　销	广东新华发行集团股份有限公司
印　　刷	佛山市浩文彩色印刷有限公司（佛山市南海区狮山科技工业园A区）
规　　格	889毫米×1194毫米　1/32　印张8.125　字数120千
版　　次	2016年7月第1版　2016年7月第1次印刷
书　　号	ISBN 978-7-5543-0328-3/TS·74
定　　价	36.00元

阅花文　赏花色　品花馔

——序潘胜利教授美食文化随笔集《花馔》

■ 朱复融

户外花初识，拓香掬露心。

越栏不愧色，傍月为佳邻。

分瓣匀清目，合时成素经。

脉牵梵坛磬，脂润琼瑶音。

约水调羹筒，入厨佩肴新。

纤兮餐案秀，欣然诗赋吟。

试品慰朵颐，闲赠座上宾。

计馔三十六，道道总关情。

　　读潘先生的花馔文章，有一种天然的亲近。一是自己是出版社的编辑工作者，编辑和编撰过一些饮食文化的书籍。像潘先生此类的文章实属少见，虽读之于偶然，但有清流会意之感；二是自己是个诗人和书评专栏作家。花卉在诗歌里都有着独特而美好的意蕴，诗人皆视之为天赐珍物。喜欢花卉是诗人的天性，工余自然也时有吟花感时的雅兴，对古来的吟咏花卉之作也时有浅评解意的文字；三是我生于著名的淮扬菜的故乡淮安，对民间美食非常喜爱也略有研究，更时有入厨烹饪、上案调羹的嗜好。所以，与潘先生的花馔美文相遇相识相知相敬，仿佛是心缘中的一次美好约定，内心多一份感受和体贴便是自然而然的。

潘先生是一位有造诣的药学教授、博士生导师，又是一位人文知识渊博的、喜研传统花馔养生的文化学者。悬壶济世，文以载道，这两个身份的交相辉映，成就了这一本奇特而又意趣盎然的书。

不管在自然形态中，还是在人文形态中，花仿佛是一种通灵的物语。世界上，几乎每一种花都有着独特的形象表征与内在蕴涵。在中国，从古至今的文人墨客，不知写了多少吟咏花卉的优美诗句与文章。人们喜爱花，不仅是花的娇妍芳馥，更多的是一种情感的依托与对美好生活的向往。

在当今日益贴近时尚与健康的生活中，花茶养生养颜早已深入人心，赢得众多人士的青睐。而花馔虽在文史书籍中时有闪现，但还不为大多数人所熟知。花馔从字面上解意，就是跟花有关的美食文化的一种概念，它同时又属于一种生活品质的存在与象征。花馔不仅体现了菜肴的明艳之美，还给人以味觉的感新，品尝花馔不仅是馥郁之气与爽饴之味的汲取，更是透着一番与自然浑然一体的唯美境界。犹如佛意萦怀，让人有未尝其食，先闻其香，再得朵颐之快愉。花馔经过上千年的衍变与发展，我国民间的花馔历史可谓是众采纷呈。各时期创新的花馔，品种多达数百种。这些花馔具有素食珍馐厚味中的天然鲜纯、品趣合一、营养美味，非常切合当下人们"绿色低碳，返璞归真，自然康美，尊重生命"的心愿。

百花入馔是赏心悦目之事，而制作花馔，则是一件考验心智的过程。诚心、耐心和精心是必不可缺的三个要素。潘先生的《花馔》一书可以说是研究花馔的开域之篇，也是饮食养生与花品美学、智慧共融的精选佳品之作。对崇尚怡美、期待自然健康生活方式的人士来说，是一本难得的读物，也是餐饮业、烹饪与旅游院校及其专业工作者的一部实用的花馔烹技最佳参考教材。纵观当今美食及养生类的书籍铺天盖地，良莠混杂，很少看到像潘先生这种潜修拓意的花馔美文，那隐约的花香在美食中散发，几分浅浅的惬意便已自得圆满。

潘先生嘱我为之作序，遵命拙诗陋撰，憾不能尽意详释，唯期读者能多欣赏之，亦多受益之。

2016年6月写于广州天韵阁墨龟斋
（作者为羊城晚报出版社编委、艺术总监）

百花芳色入馔来

■ 潘胜利

花——被子植物特有的繁殖器官，常以绚丽的色彩、奇特的形态和馥郁的香气吸引着蜜蜂、蝴蝶或其他各种昆虫，助它传粉，完成传宗接代的重大使命。它也是历代文人墨客争相吟咏的对象。他们探花、赏花、品花、评花，用诗、词、曲、赋、传奇、笔记、小说、杂剧等表现形式使花文化成了中国传统文化的一个重要部分。从踏雪寻梅、羯鼓催花、碧池观荷、湖山赏桂发展到醉饮花下，以花入馔。制作花馔，最初可能出于古代文人和士大夫展示其风雅和清高的一种手段。如：屈原在《离骚》中有"朝饮木兰之坠露兮，夕餐秋菊之落英"的诗句。晋代干宝的《搜神记》中提到：黄帝时代有个叫赤将子的人，他不食五谷只吃百草花。《吕氏春秋》中也有"菜之美者，昆仑之蓣，寿木之华"的记载，认为长寿之树的花也是菜中美味。

由于花是植物的繁殖器官，所以它含有的营养成分往往比植物的其他部位高。此外花瓣中的花青素和花粉中的植物激素都有美容养颜和抗衰老的作用，其所含的芳香性挥发油有解郁除烦的功效，故最早服食花卉仅见于各类本草中，主要为药用。如：《神农本草经》曰："服桃花三树尽，则面如桃花。"（转引自《广群芳谱》）陶弘景的《太清方》记载："三月三日采桃花，酒浸服之，除百病，好颜色。"又云："桃李花服之可却老。"孙思邈的《千金方》也记载："采三株桃花，阴干，末之。空心饮服方寸匕（约1克左右），日三。令人面洁白悦泽，颜色红润。并细腰身。"而大部分的入馔花卉都有清热解毒或活血化瘀的作用。本书所选用的花卉的功效，几乎都可以在历代各类本草中找到。如《本草纲目》中收载有：梅花、桃花、栀子花、月季花、山茶花、木芙蓉、蜡梅花、杜鹃花；《本草纲目拾遗》中有：荷花、桂花、石榴花；《滇南本草》收有：百合花、萱花；《日华子本草》载有：木槿花、芭蕉花、金樱花；《名医别录》中有：杏花、蜀葵花；《分类草药性》中有南瓜花等，至于很多较常用的花类中药，如：金银花、槐花、玫瑰花、玉兰花等，则在很多"本草"中都有收载。

花馔真正的兴起可能在唐代，据说还和武则天有关。据明代陈诗教的《花里活》记载："武则天花朝日（唐代定农历二月十五为百花生日，即：花朝日）游园令宫女采百花和米捣碎蒸糕以赐从臣。" 唐代诗人李峤诗《九日应制得欢字》云："令节三秋晚，重阳九日欢。仙杯还泛菊，宝馔且调兰"，就提出以菊花和兰花入馔。至宋代，花馔已十分盛行和普及。宋人林洪编著了一部重要的食谱专书《山家清供》，里面首次集中记载了十余种以花为主料或配料的花馔及其加工方法。明代戴羲的《养余月令》、高濂的《遵生八笺》、清代顾仲的《养小录》等书中都有不少花馔的记录。并且从宋代以后，花馔已不仅只是风雅，而是逐渐融入了保健养生的元素。如元代宋伯仁《酒小史》中记载：苏东坡守定州时于曲阳得松花酒，他将松花、槐花、杏花入饭共蒸，密封数日后得酒。并挥毫歌咏，作了《松醪赋》："一斤松花不可少，八两蒲黄切莫炒，槐花杏花各五钱，两斤白蜜一齐捣。吃也好，浴也好，红白容颜直到老。"苏辙也有诗云："南阳白菊有奇功，潭上居人多老翁。" 欧阳修诗《菊》："共坐栏边日欲斜，更将金蕊泛流霞。欲知却老延龄药，百草摧时始见花。"等都阐述了杏花、槐花和菊花等的养颜美容和延年益寿的功效。据德龄女士所撰写的回忆录《御香缥缈录》记载：慈禧太后为美颜养身，常以鲜花为食。菊花、荷花、芍药等都是慈禧太后爱吃的鲜花，并且慈禧太后还发明了

"菊花火锅"。

据不完全统计，我国在全国各地民间食用的花卉约100多种。特别以西南少数民族地区食用种类最多。较普遍被食用的有：桃花、梅花、郁李、梨花、杏花、樱花、海棠、玫瑰、月季、蔷薇、菊花、兰花、茶花、扁豆花、洋槐花、紫藤花、锦鸡儿、石榴花、南瓜花、丝瓜花、桂花、茉莉花、玉兰花、白兰花、牡丹、芍药、夜来香、荷花、栀子花、木棉花、木芙蓉、木槿花、蜀葵花、鸡蛋花、秋海棠、金银花、映山红、百合花、萱花、芋花、剑花、芭蕉花等。除中国外，世界上还有不少国家也都有吃花的习惯。如：日本喜欢把樱花盐渍后制成樱花饼或煮樱汤，紫藤花做成藤花豆腐；欧洲人喜欢把旱金莲、秋海棠、金盏菊、三色堇、金鱼草等的花拌成沙拉；美洲人喜欢吃玫瑰花、仙人掌和炒食鸡冠花等。

但并非所有的花都可以吃，有些花是有毒的，绝对不可以入口，如：夹竹桃、曼陀罗、水仙花、虞美人、闹羊花等。即使是可食花卉，我们也必须要注意该花卉的来源是可靠的。最好是有机栽培的。花市上出售的鲜切花卉，大部分通过转基因或多倍体等手段培植，并且施有过多的化肥或激素，最好别吃。如果能在自己家里的院子或阳台上种植一些花卉供入馔，那就最好了。至于一些木本的入馔花卉，最好选用新鲜落瓣，这样既不影响美观，又能取得食材。由于鲜花加热后容易变色、变味，所以花馔的烹饪方法必须要掌握技巧。除了需要长时间煲的汤（如剑花小排汤）和一些需要炖的花馔（如百合花冰糖炖雪梨）以外，一般的花馔中的鲜花可以先把花瓣用温开水焯后，在其他食材快熟时再加入。由于有些人对花粉过敏，所以制作花馔时，一般都要把花蕊去掉。花馔中花与其他食材的搭配也至关重要，花卉一般多与素食搭配，常用的是豆腐和竹笋，也可与一些菌菇类食材相伴。荤菜中有时可和虾仁、鱼等一起制作，尽量少用红肉。制作中花卉食材的处理也是需要注意的，有些花卉微有毒性，或者含有某些苦味成分，所以需经过煮后浸漂才可食用，如：杜鹃花、百合花等。古籍中介绍某些面拖油炸花瓣时，常用甘草煎汁和面，如：蔷薇煎、香脆玉兰片等，这是很有道理的。因为甘草在中药中有解毒和调和药性的作用，它可以去除那些花卉的毒性和苦味，甘草本身又有甜味，所以还能改善口感。

笔者在本书中介绍的花馔，尽量参照古籍中的内容。如：蔷薇煎、雪霞羹、锦带羹、香脆玉兰片、茉莉花绝品豆腐、藤花包子（紫藤花做馅料）等。有些则根据诗词的意境创作，如：踏雪寻梅、桃花鳜鱼、红杏闹春、一树梨花压海棠等。也有些是民间流传的，如：桂花赤豆汤、杞菊虾仁、双花降脂茶、百合花冰糖炖雪梨等。花馔的形式尽量多种，如：汤、羹、粥、茶、包子、沙拉、热炒等。

最后要说的一点是，以花入馔，可以作为日常生活的一种点缀，使我们的菜肴看起来更有美感，但不能作为主食。如果本书能给你的生活带来一点色彩，笔者的初衷就已经达到了。

　　　　　　　　　2016年5月于复旦大学药学院

目录

梅花

MEI

HUA

梅花

蜜点梅花带露餐

　　不知何时庭院里的梅花已经悄然开放了，每当从其旁经过就会闻到阵阵幽香。作为一年二十四番花信风中的第一候，梅花的开放常常意味着春天就要来临了。梅花在明代屠本畯的《瓶史月表》中被尊为正月花盟主，所以她一直也被认为是春天的使者。以至宋代陆凯在《赠范晔》一诗中留下的名句"江南无所有，聊寄一枝春"一直被传诵至今。

　　在植物分类上，梅属于蔷薇科李属，学名：*Prunus mume*，在中国已有3000多年的栽培历史。至宋代，诗人范成大还编著了《梅谱》，该书可认为是全世界第一部"论梅"专著，其中已提到江梅、红梅、早梅、官城梅、绿萼梅、鸳鸯梅、黄香梅、杏梅等12个梅花品种。现在梅花的栽培品种已多达300多个，可分为四类，即：直脚梅类、照水梅类、龙游梅类和杏梅类。其中直脚梅类又分为江梅、宫粉、玉蝶、洒金、绿萼、朱砂等6个型。笔者并非梅花研究的专家，无法鉴定这300多个品种，只能根据花瓣和花萼的颜色来区分最常见的3种：白梅、红梅和绿萼梅。白梅：花瓣白色、花萼红色（图1-1）；红梅：花瓣、花萼均红色（图1-2）；绿萼梅：花瓣白色（或带淡绿）、花萼绿色（图1-3）。据全国登记申报，至今仍然存活的古梅名梅共57株，最古的元梅为云南的扎美戈古梅已有700多年树龄。至于

图1-1　白梅花

图1-2　红梅花

图1-3　绿萼梅花

很多旅游景点声称的"唐梅""宋梅"，据有关教授考证鉴定，多数为根据古书记载而后人补栽。通常也就三四百年树龄。

梅花一直是历代文人墨客争相咏颂的对象，据查证历代文人留下的与梅花有关的诗词不下千首，尤以唐宋时期为盛。陆游的《卜算子·咏梅》："……无意苦争春，一任群芳妒。零落成泥碾作尘，只有香如故。"歌颂了梅花不与群芳争春的高洁品格和敢于蔑视一切的无畏精神，可谓其中之佼佼者。爱梅、栽梅、赏梅、咏梅，一时间成了几个朝代的时尚。有的人甚至到了如痴如醉的地步。如宋代诗人林和靖，在杭州孤山植几树梅花、养数只白鹤，整日与梅、鹤为伴，即所谓"梅妻鹤子"也。林和靖也写了不少咏梅的好诗，以其《山园小梅》中的"疏影横斜水清浅，暗香浮动月黄昏"两句最为脍炙人口。在所有"赏梅"形式中，"踏雪寻梅"可谓其中的最高境界。前些年，笔者曾自创了一款花馔"踏雪寻梅"。制作方法很简单：用嫩豆腐一盒，香菇3～4个水发后切丝，山药50克、虾仁30克共剁为茸，再与香菇丝、豆腐拌匀，加梅香鸡汤共煮（熬鸡汤时加入30克绿萼梅花，令鸡汤先具梅香）；另取红梅花和绿萼梅花各10余朵在温水中泡数分钟，当豆腐煮熟时把梅花点缀在上面即可（图1-4）。豆腐犹如白雪，香菇丝好像梅花的树枝，上面点缀着朵朵梅花，也真有"踏雪寻梅"的意境。从口味来看，在豆腐的酥软中吃出鸡汤、虾仁的美味及山药的爽滑，同时又透出梅花的清香，可

图1-4 花馔：踏雪寻梅

看作是本花馔的特点。其中鸡汤里的氨基酸和香菇的多糖对调节人体的免疫力有很好的功效，而梅花和豆腐有理气、解郁与除烦作用，故常食此馔或许还能预防老年痴呆症。

梅花入药其实在李时珍《本草纲目》和赵学敏的《本草纲目拾遗》中就有记载。赵学敏认为绿萼、单瓣的梅花效果较好，所以至今的中药处方中用的梅花都为绿萼梅花。清代用梅花入药可能已经比较普遍，以至曹雪芹在《红楼梦》中还写道，薛宝钗患的一种病需要用白梅花配制的"冷香丸"来治疗。

国人喜食梅花亦有不少诗文记载，杨诚斋曾有诗云："甕澄雪水酿春寒，蜜点梅花带露餐。"又云："才看腊后得春饶，愁见风前作雪飘，脱蕊收将熬粥吃，落英仍好当香烧。"宋代林洪的《山家清供》有

"梅花汤饼"，明代高濂《遵生八笺》有"暗香汤"，清代顾仲《养小录》有"梅花露"等的记录。"梅花汤饼"制作也简单：梅花瓣30克洗净、切末；檀香15克煎汁，和梅花末、面粉混匀做成馄饨皮状；用梅花形模子在皮子上凿取梅花形薄片，在放有调味料的鸡汤中煮熟，和汤盛碗即可。梅花理气和胃、檀香清肺止痛，两者相配更增加开胃理气和清肺热的作用。梅花汤饼在檀香的郁香中又透出梅花的幽香，再加上鸡汤的鲜美，常食之而不可忘也。成书于汉代的《四民月令》记载："梅花酒，元日服之却老。"由此可知，古人喜食梅花，除了以示其清高之外，延年益寿看来也是其目的。

桃花

T A O

H U A

桃花

桃花流水鳜鱼肥

　　"西塞山前白鹭飞，桃花流水鳜鱼肥。青箬笠，绿蓑衣，斜风细雨不须归。"张志和的一首《渔歌子》倾倒了历代多少文人学士。桃花盛开之际，正是鳜鱼最肥之时。从张志和诗句"桃花流水鳜鱼肥"引申，笔者十年前创制了一款花馔"桃花鳜鱼"。制法十分简单：

图2-1　花馔：桃花鳜鱼

用桃花瓣与鳜鱼加生姜丝和黄酒共蒸（或者桃花瓣洗净后，用60℃左右的温开水略浸片刻，等鳜鱼蒸熟时撒于鱼上），熟时再淋上蒸鱼豉油与桃花瓣绞出的汁，使鲜嫩的鳜鱼肉中透出淡淡的桃花香。桃花最好选用新鲜落瓣，约50克，洗净；其中5克与鳜鱼共蒸，其余的花瓣剁碎、绞汁，绞出的少量汁与豉油调匀淋在蒸熟的鳜鱼上。

桃花为蔷薇科桃属植物，学名：*Amygdalus persica*，学名的意思为"波斯的"（即现在的伊朗）。其实桃花原产我国，并且已经有3000多年的栽培历史。约在汉武帝时期（公元前140年—公元前88年）通过中亚细亚传入波斯，然后又由波斯经地中海传入欧洲各国。因此，一般的欧洲人都认为桃花原产波斯。林奈在1753年发布"双命名法"时，为一大批植物命名，当时也接纳了"桃花原产波斯"的观点。时至今日，全世界培植的桃花品种已达3000余种，我国也已达上千种。花色从原来的桃红发展出绯红、嫣红、粉红、橙红、朱红、紫红及白和黄绿等色。花瓣有单瓣和重瓣（古代称为千叶桃花）的区分，瓣形也栽培出梅花形、月季花形、牡丹花形和菊花形等多种形态（图2-2至图2-7）。通过嫁接，人们还培植出一株开两种花的"双色桃"。宋代哲学家邵雍的诗《二色桃》描写得十分生动："施朱施粉色俱好，倾国倾城艳不同，疑是蕊宫双姊妹，一时携手嫁东风。"把一棵树上的两色桃花比喻为一母所生的两个姐妹在春天携手嫁于东风。

图2-2　单瓣桃花　　　　图2-3　红色千叶桃花

　　尽管桃花没有梅花的幽雅、兰花的高贵，也缺乏海棠的矜持、杏花的羞涩，但仍一直受到历代文人墨客的青睐。据查证，自古流传下来的与桃花有关的诗、词、文超过千首。陶渊明的《桃花源记》可认为是与桃花有关的影响最大的一篇文章。文中，作者描绘了一个乌托邦式的"世外桃源"，那里的人们过着令人向往的宁静、平和而又与世无争的田园生活。此后，又有多少文人专程前往追寻桃源足迹，还留下不少与其有关的诗篇。王维、刘禹锡、王安石、韩愈、陆游等唐宋诗词名家都有类似作品传世。以王维的《桃源行》写得最神似陶渊明的《桃花源记》。该诗为王维19岁时所作，全诗较长，不在此引用全文，结尾四句为："当时只记入山深，青溪几曲到云林。春来遍是桃花水，不辨仙源何处寻。"另，秦观的词《点绛唇·桃源》也写得不错："醉漾轻舟，信流引到花深处，尘缘相误，无计花间住。烟水茫茫，回首斜阳暮，山无数，乱红如雨，不计来时路。"

　　说到桃花，很多人会联想到美女和艳遇，无论是"交桃花运"或者是"命犯桃花"。因为桃花的色泽太过娇艳，那种白里透红的粉色像极了少女脸上的红晕。

宋代诗人韩驹曾写过"桃花如美人，服饰靓以丰，徘徊顾香影，似为悦己容"。清代文人李渔也认为"桃花之未经嫁接者，其色极娇，酷美人之面，所谓桃腮、桃靥者，皆指天然未接之桃"。而唐代诗人崔护的诗《题都城南庄》："去年今日此门中，人面桃花相映红，人面不知何处去，桃花依旧笑春风。"更是脍炙人口。据《本事诗》记载：诗人崔护清明那天独自去都城南游玩，见到一庄户人家，门外种了很多桃花。因口渴而敲门想讨碗水喝。有一少女开门，问明原委，请崔护进去坐下喝水，自己倚桃树而立，四目相对似已有情。崔护喝完水离去，少女送至门口，两人均觉依依不舍。第二年清明，崔护再去寻访，发现大门紧闭无人，门前桃花依然盛开。于是就在大门上写了这首诗。几天后，崔护

图2-4　嫣红色千叶桃花

图2-5　绯红色千叶桃花

图2-6　白色寿星桃

图2-7　杂色瓣桃花

偶尔又经过她家,听到屋内有哭声,就敲门问,有一老者开门说:"你就是崔护吗?你害死了我女儿了。"并说,他女儿及笄未嫁,知书达礼。自去年至今,常恍惚

图2-8　双色桃

若失。那天出去回来后，见了你在门上写的诗，读罢入门即病，不饮不食而死。崔护听后大惊，进门一看，女子俨然卧床，面色尚隐凄怆，崔护情难自禁，抬起她的头放在自己的大腿上，哭着呼叫："我是崔护，我来看你了！"一会儿，病人睁开眼睛活了过来，其父大喜，就把女儿嫁给了他。此后，有多少文人被崔护的诗和故事所迷，为其编写戏剧、撰写小说。仅杂剧和小说就有十几部，其中以明代孟称舜的杂剧《桃花人面》写得较好也最为著名。至于邓丽君演唱的歌曲《人面桃花》，应该说全世界的华人都比较熟悉。用桃花来衬托少女，恐怕是再恰当不过的了。但青春易逝，人生苦短，红晕瞬间消退，桃花却依旧年年在笑春风。我有时会想，桃花在笑春风的同时是否也在嘲笑少女脸上的红晕呢？

自古以来，国人就有服食桃花的习惯，宋代《金门岁节录》记载："洛阳人家，寒食节食桃花粥。"并认为服桃花具护肤美容作用。《神农本草经》曰："服桃花三树尽，则面如桃花。"陶弘景的《太清方》记载："三月三日采桃花，酒浸服之，除百病，好颜色。"又云："桃李花服之可却老。"明代郭晟的《家塾事亲》载曰："三月三日取桃花阴干为末，收至七月七日，取乌鸡血和涂面，光白润色如玉。"孙思邈的《千金方》也有类似记载："采三株桃花，阴干，末之。空心饮服方寸匕（约1克左右），日三。令人面洁白悦泽，颜色红润。并细腰身。"看来桃花除了美容，还有减肥的功效。

杏花

杏花

红杏枝头春意闹

　　"小楼一夜听春雨，深巷明朝卖杏花。"陆游的《临安春雨初霁》笔者从小就已熟识。诗人在诗中描述的"卖杏花"，应该是一种提篮或挑担边串街走巷边吆喝的"卖花"状态。这是起始于唐代而在南宋时期才繁盛的一种职业。就像解放前在上海的戏院、舞厅门口用吴侬软语叫喊着"栀子花、白兰花"的卖花姑娘一样。直至现在，上海街头或菜场有时还能见到一个老太太坐在小凳子上，捧着一个竹篮子，上面盖一块湿毛巾，在卖栀子花、白兰花和茉莉花。在一些南宋诗人的作品中，还可多处见到"卖杏花"的词句，如：戴石屏在《都中冬日》诗中写道："一冬天气如春暖，昨日街头卖杏花。"史达祖的《夜行船正月十八日闻卖杏花有感》词云："小雨空帘，无人深巷，已早杏花先卖。"而几乎没见到卖任何其他花的描述，不管是栀子花、茉莉花或梅花、桃花、海棠花等。当然，诗人爱用"卖杏花"之词句，与陆游的影响不无关系，戴石屏甚至还拜陆游为师。但更重要的是，杏花可说是春天的象征。杏花开了，才标志着春天真正来临了。尽管梅花比杏花早开，但是它始发于去年残冬。而桃、梨、樱、李等花都迟于杏花。唐宋时期人们特别钟爱杏花，他们常常喜欢把杏花簪插在头上。在不少的诗词作品中可以看到这种记载。如：杜牧的《杏园》："夜来微雨洗芳尘，公子骅骝步贴匀。莫怪杏园憔悴去，满城多少插花人。"邵雍诗《瀍河上观杏花回》："瀍河东看杏花开，花外天津暮却回。更把杏花头上插，途人知道看花来。"这大概也是人们买杏花的一个主要原因。而现代，已经没人喜欢在头上佩戴杏花，所以也就消失了"卖杏花"这个职业。但是，比起太平洋某些岛国的妇女喜欢把大而红的扶桑花插在发际，我觉得插杏花似乎要高贵、典雅多了。程棨的《三柳轩杂识》中曾评各花，认为："梅有山林之风，杏有闺门之态，桃如倚门市娼，李如东郭贫女。"所以，尽管桃花的颜色比杏花更艳，但当时人们仍只缀杏花，不簪桃花。此外，屠本畯在《瓶史月表》中把杏花列为二月的花客卿，因此，插作"瓶花"欣赏，也是"买杏花"的另一个重要用途。

杏为蔷薇科杏属植物，学名：*Armeniaca vulgaris*，其属名Armeniaca意为"亚美尼亚的"。源于西方人认为杏原产于亚美尼亚等地。杏花初开时红色，然后逐渐变白。故有"红花初绽雪花繁，重叠高低满小园"的生动描写（温庭筠《杏花》）（图3-1、图3-2）。

各朝诗人都爱吟诵杏花，其中最有影响的当数宋代诗人叶绍翁《游园不值》中的"春色满园关不住，一枝红杏出墙来"和宋祁《玉楼春》中的"红杏枝头春意闹"。据陈正敏的《遁斋闲览》记载：张子野（先）郎中，以乐章擅名一时，宋子京（祁）尚书欣赏他的才气，先去见他。到张先府第门口，一通报者就喊："尚书要见'云破月来花弄影'郎中。"张子野听到后就反问了一句："难道是'红杏枝头春意闹'尚书来了吗？"于是出来，备酒，两人相饮尽欢。诗人评

图3-1　杏花（初开）

说："春意闹"三字尤其精辟，这一"闹"字，意境全出。就是这"春意闹"三字，把春天小鸟在杏花枝头叽叽喳喳、嬉戏相闹的情景全部生动地表现出来了。宋祁的《玉楼春》词："东城渐觉风光好。縠皱波纹迎客棹。绿杨烟外晓云轻，红杏枝头春意闹。浮生长恨欢娱少，肯爱千金轻一笑。为君持酒劝斜阳，且向花间留晚照。"张子野的《天仙子》词："水调数声持酒听。午睡醒来愁未醒。送春春去几时回，临晚镜。伤流景。往事悠悠空记省。沙上竝禽池上暝。云破月来花弄影。重重翠幕密遮灯，风不定。人初静。明日落红应满径。"
两首词均非常优美。

杏花与教育和医务界也很有渊源，我们通常把教育界比喻为杏坛。如"誉满杏坛"表示在教育界有很高威望。杏坛原来是指孔子讲学的地方。而"杏林"则指医务界。据《神仙传》记载：三国时期有位名叫董奉的医生，居住在庐山，不种田。每天为人治病，亦不收钱。重病治愈后，让种五株杏树。轻的病人种一株。多年以后，居然种了十万多株杏树，变成了一片杏林。当杏子成熟时，在林中搭一草棚，贴一告示在旁：欲买杏者，不用给钱。只要放一盛器谷子在草棚，就可装满同一盛器杏子回去。如今世人常以"誉满杏林"称赞医德高尚之医者。

杏花入药具补中益气，祛风通络的作用，可营养肌肤，祛除面上的粉滓。宋代的《太平圣惠方》中，就有以杏花、桃花洗面治斑点的记载。常服杏花粥还可预防粉刺和黑斑的产生。《卫生易简方》还记载："杏花、桃花，阴干为末，服食，治妇人无子。"

笔者十年前创制了一款花馔，起名"红杏闹春"。借用宋祁"红杏枝头春意闹"的诗句。采用不同颜色的食材和初放之杏花同炒，取其五彩缤纷色泽之热闹，再以红杏压阵，以突出"红杏枝头春意闹"的意境。本花馔中，杏花和枸杞子红色、银杏黄色、芦笋和青豆绿色、虾仁白色、香菇黑色。制作时，杏花用60℃左右的温水漂浸一下，沥干水备用。其余的食材先放少许油同炒，熟时再加入杏花，翻炒盛盘（图3-3）。

图3-3　花馔：红杏闹春

笔者因一时找不到杏花，因此特拜托中华美食频道《养生馆》栏目主持人郝爱蕾小姐在青岛制作本款花馔并拍摄照片，在此，深表谢意。本花馔中杏花、银杏、枸杞子和虾仁都有养颜美容和延缓衰老的作用，银杏中的成分"银杏内酯B"能对抗血小板活化因子，维护心血管系统。芦笋中叶酸和微量元素硒的含量较高，它们与枸杞子和香菇中的多糖一起，还具抗癌、防癌的功效。

梨

花

L I

H U A

一树梨花压海棠

　　1955年俄裔美籍作家弗拉基米尔·纳博科夫在法国出版了一本颇具争议而又使整个世界震惊的长篇小说《洛丽塔》（*Lolita*）。此前，该小说已经先后遭到四家美国出版社的拒绝，直至1958年才出版了美国版，并很快一路飙升到《纽约时报》畅销书名单的第一位。小说以第一人称的手法描述了一位从法国移民美国的中年男子亨伯特（Humbert）与其十二岁半的继女洛丽塔（Lolita）的乱伦恋情。小说中的洛丽塔是个早熟、热情的性感少女，富于挑逗性。他们间的这一段不伦恋情最后以悲剧告终。当洛丽塔厌倦了其继父后，被剧作家奎迪（Quilty）诱骗出逃，而后怀孕。亨伯特则深陷这段恋情不能自拔。他追踪并枪杀了奎迪。其结局为：亨伯特因血栓病死于狱中，17岁的洛丽塔则因难产死于1950年圣诞。小说在1962年和1997年先后两次被搬上银幕。由于时代原因1962年的版本拍得相对保守，而1997年的版本则比较忠实于原著。扮演洛丽塔的演员Dominique Swain是从2500多名竞争者中脱颖而出的15岁少女，当时的她还是一名中学生，之前没有任何表演经验。1997年版的《洛丽塔》在全世界造成了很大的影响，此后，凡是带有剧中女主角特质者，就被称为"Loli-ta"或"Loli"，也就是"罗莉"。纳博科夫小说中的洛丽塔是一个漂亮兼具成熟魅力的性感少女，而如今的"洛丽塔"或"小罗莉"已经变成了一种时尚。在日本将其当成天真可爱少女的代名词，统一将14岁以下的女孩称为"洛丽塔代"，甚至有些成年人也喜欢模仿洛丽塔的穿衣风格，以示她们对青涩少女时代的怀恋。电影《洛丽塔》在港台被赋予了一个非常具有中国特色的译名《一树梨花压海棠》。"一树梨花压海棠"在中国通常形容"老夫少妻"，以梨花象征白发老翁，因为梨花盛开时满树皆白，而海棠则代表红颜少妇。典故出自词人张先（字子野）和苏东坡之间的文人调侃。据说北宋著名词人张先，在80岁时娶了一个18岁的小妾。苏东坡与一帮朋友去拜访他，问老先生得此美眷有何佳句。张子野于是随口念道："我年八十卿十八，卿是红颜我白发。与卿颠倒本同庚，只隔中间一花甲。"风趣幽默的苏东坡当即和诗一首，云："十八新娘八十郎，苍苍白发对红妆。鸳鸯被里成双夜，一树梨花压海棠。"此后还有不少文人评议，认为诗中一个"压"字用得特好。不过传说毕竟是传说，笔者曾查阅了大量文献，最终还是未找到出处。再说张先80岁时，苏东坡才33岁，尽管风流潇洒，但对极具声望之前辈老人，苏东坡也未必敢用如此戏谑之句。

梨花和海棠花都是可食花卉，于是笔者试创了这一款花馔："一树梨花压海棠"。制法也简单：用嫩豆腐一盒、虾仁50克垫底；虾仁剁成茸，与豆腐拌匀，加鸡汤煮熟，盛盘；海棠花和梨花各10克（最好采用新鲜落瓣），然后先放海棠花，再撒上梨花。吃时把花瓣和豆腐拌匀即可（图4-1）。梨花花粉的气味不怎么好闻，幸好不影响口感，故采用新鲜落瓣就可避免此问题。梨花有多种，常见的为白梨和杜梨。笔者这里用杜梨的花。海棠花最常见有三种：贴梗海棠、垂丝海棠和西府海棠，花馔和食疗中较常用西府海棠。

图4-1　花馔：一树梨花压海棠

杜梨又名棠梨，为蔷薇科梨属植物。学名：*Pyrus betulaefolia*（图4-2），白梨和杜梨同属，学名：*P. bretschneideri*（图4-3）。

图4-2　杜梨　　　　　　　　图4-3　白梨

历代诗人特别赞美梨花的洁白无瑕，与其相比，似乎梅花、桃花和海棠都要自叹不如。如：金代雷渊的诗《梨花》："雪作肌肤玉作容，不将妖艳嫁东方。梅魂何物三春在，桃脸真成一笑空。"和宋代黄庭坚《次韵梨花》："桃花人面各相红，不及天然玉作容。总向风尘尘莫染，轻轻笼月倚墙东。"诗人们还常以"梨花带雨"来形容美人流泪，如白居易在《长恨歌》中，以"玉容寂寞泪阑干，梨花一枝春带雨"来比喻杨贵妃流泪时的神态。

常见的海棠有三种：贴梗海棠（*Chaenomeles speciosa*）为蔷薇科木瓜属植物。而西府海棠（*Malus micromalus*）和垂丝海棠（*M. halliana*）属于蔷薇科苹果属。三种海棠可根据花柄简单地区分。贴梗海棠无花柄，另两种都有花柄。其中垂丝海棠花柄较长使花呈下

图4-4　贴梗海棠

图4-5　垂丝海棠

图4-6　西府海棠

垂之势，西府海棠的花不下垂。垂丝海棠花的颜色相对比西府海棠花的颜色深些。

历代诗人十分钟爱海棠花，作了数百首咏海棠的诗词。其中最著名的有陆游的《花时遍游诸家园》："为爱名花抵死狂，只愁风日损红芳。绿章夜奏通明殿，乞借春阴护海棠。"苏东坡的咏海棠诗："东风袅袅泛崇光，香雾空蒙月转廊。只恐夜深花睡去，故烧高烛照红装。"拟人手法居然发挥到如此深度：生怕夜深花要睡着，所以点燃高烛陪伴花旁。据北宋僧人惠洪的《冷斋夜话》记载说：苏东坡的诗"只恐夜深花睡去，故烧高烛照红装"故事见"太真外传"。唐明皇登沉香亭，召见杨贵妃。当时杨贵妃晨醉未醒，唐明皇叫高力士让侍儿把她扶腋而至。此时贵妃醉颜残妆，发乱钗横，拜见礼也行不了。唐明皇见后笑着说，这不像妃子醉酒，倒像没睡醒的海棠花（岂妃子醉，直海棠睡未足耳）。此后也常有人用"海棠春睡"来形容美人未睡醒时的慵容娇娆之态。唐以后有不少诗人的作品中涉及"海棠春睡"，如：清代文廷式的词《蝶恋花》："袅袅茶烟心绪乱。漠漠轻轻，魂在梨花苑。料得海棠春睡倦。梦回愁听莺声颤。几日浮生偏聚散。祇有情深，不似天河浅。瑶井辘轳声宛转。斑骓那系垂杨岸。"宋代诗人管鉴的词《酒泉子》："清夜将分。有酒为谁花下满，相逢轩盖暂时倾。故人情。海棠欲睡照教醒。烛影花光浑如锦，伴君佳句解人醒。恨无声。"都可算其中的佼佼者。据说唐伯虎曾画了一幅《海棠春睡图》，画的是杨贵妃酒醉后沉睡的美态。据《红楼梦》第五回描写，说众人来到秦可卿的卧室，见壁上挂了一幅唐伯虎画的《海棠春睡图》。

　　梨花入药具清热解毒、润肺和去除面部黑斑之功效，而梨果实具润肺凉心、止咳化痰的作用，梨膏糖和冰糖炖雪梨是民间最常用的食疗方。海棠花入药具活血散瘀、清热凉血和生津止咳作用。被用来治疗跌打损伤、咳血吐血、咽喉肿痛和月经不调等。豆腐能解郁除烦，虾仁、鸡汤及梨花、海棠都有养颜美容的功效。所以，本花馔"一树梨花压海棠"应该有活血祛瘀、美容养颜和增加机体免疫力的作用。

YING

樱

花

HUA

樱花一片似雪飞

今年的春天好像来得特别快，才是仲春之初，梅花也还未凋零，五彩缤纷的春花已争先恐后地前来报到了。无数的东京樱花似乎一夜间都张开了笑脸。这些年来，东京樱花已成了上海公园里春花的主要树种。在樱花绽放的同时，洁白如雪的梨花也压满了枝头。风中摇曳的桃花似乎在与春风亲吻，聆听春风诉说着一个又一个春天的故事。最令人怜惜有加的是娇滴滴的垂丝海棠，羸弱而又文静地待在一旁。各种玉兰：白玉兰、紫玉兰、黄玉兰、二乔玉兰也都齐齐抬头仰望着春天。还有那金灿灿的金钟花、淡淡的红叶李、浓浓的郁金香，就连那一贯姗姗来迟、有花中帝王之称的牡丹也提前粉墨登场。但是，遗憾的是大多数春花花期都不长，并且花瓣容易脱落，她们犹如与春风谈了一场轰轰烈烈的恋爱，不日之后就纷纷落瓣，在阵阵花雨后又回归了往日的宁静。其中落得最快的可能就要数樱花了。

樱花为蔷薇科樱属植物，该属全世界约100多种，可分为观花和食果两个大类。其中作为观赏樱花的栽培品种特别多。目前上海的公园、庭院种植最多的为东京樱花，学名：*Cerasus yedoensis*（图5-1）。现在我们一讲到"樱花"，大家似乎都会想到日本。的确，樱花是日本的国花。但是，日本最初的樱花，也是来源于中国。日本学者撰写的樱花专著《樱大鉴》中指出，日本最早的樱花是从中国的喜马拉雅山脉传过去的。他们用中国传过去的山樱花（*C. serrulata*）、云南樱花（*Cerasus cerasoides var. rubea*）（图5-2）等，经过了1000多年的栽培，形成了今日日本形形色色的樱花品种。樱花引人注目之处在于花多而繁，尤其是它的花瓣

图5-1　东京樱花

飘落如同满天飘雪的壮丽景观是非任何一种花能相提并论的。日本人善赏樱花，我觉得他们可能更欣赏樱花的飘落。记得有一次我去东京的上野公园赏樱花，恰逢日本的女儿节，见很多身穿五色和服、脚拖木屐的小女孩在父母的带领下边走边观樱花飘落的情景，至今历历在目。正所谓你在观景的同时，自己也成了别人眼中的一道风景。

　　樱花在中国历代文人的作品中，也以描写其善于飘落居多。如宋代诗人王洋的七绝《题山庵》："桃花樱花红雨零，桑钱榆钱草色青。昌条脉脉暖烟路，膏壤辉辉寒食汀。" 明代于若瀛诗句 "三月雨声细，樱花疑杏花"，清代吴伟业诗句 "樱花一片似雪飞，年年春日看醉归"等，都可见一斑。而南唐李煜词《谢新恩》："樱花落尽阶前月，象床愁倚薰笼。远似去年今日，恨还同。双鬟不整云憔悴，泪沾红抹胸。何处相思苦，纱窗醉梦中。"则表达了一种因见樱花飘落而引起的悲伤思绪。从唐宋时期开始，国人就已经发现日本人之喜欢樱花远胜于本国人。如：元末明初诗人宋濂诗《樱花》："赏樱日本盛于唐，如被牡丹兼海棠。恐是赵昌所难画，春风才起雪吹香。"清代苏镜潭诗："鞭丝鬓影去来潮，东国莺啼客路遥。一事最堪惆怅处，樱花憔悴月无聊。"并且日本樱花栽培品种的名字也开始在诗文中出现。如：清代诗人况周颐词《浣溪沙·樱花》"烂漫枝头见八重，倚云和露占春工。十分矜宠压芳丛。鬓影衣香沧海外，花时人事梦魂中。去年吟赏忒匆匆。"其中的"八重"即为日本的"八重樱花"，我国各地大量引种的日本晚樱（图5-3）就是八重樱花的一种。在日本，"八重"即"千叶"的意思。

图5-3 日本晚樱

图5-4　白色樱花

图5-5　绿色樱花

现代栽培樱花的颜色，除了粉红和白色（图5-4）外，还有红色、黄色、绿色（图5-5）等。

中国古代的文献资料中很少见到国人服食樱花的记载，但是在日本服食樱花则非常普遍。日本人喜欢将樱花瓣加以盐渍，制成"樱花渍"当作开胃小菜，或者将"樱花渍"泡茶，用于解酒。此外他们也喜欢饮用一种用八重樱花的花瓣酿制的"八重樱酒"，认为具有美容作用。笔者在这里介绍一款花馔：《樱花五色虾仁》以飨读者。用料为：樱花落瓣10克，在沸水中焯后备用；胡萝卜和竹笋各30克切丁，加上青豆20克，玉米粒15克，虾仁50克（预先用酒和鸡蛋清渍过）共炒，当快熟时，再撒入樱花瓣和胡椒粉翻炒盛盘（图5-6）。

该花馔中虾仁、樱花瓣、竹笋和胡萝卜都有美容养颜作用，因此本花馔不但色鲜、味美，而且非常有益健康。

图5-6　花馔：樱花五色虾仁

L I

李
花
H U A

李花

李花枝上月凝霜

　　李花以其洁白、淡雅而被历代诗人赏识。韩愈古诗《李花》有"当春天地争奢华，洛阳园苑尤纷挐。谁将平地万堆雪，剪刻作此连天花"的描述。宋代诗人李流谦的七律《李花》："春寒怪底一分加，元是东君雪作花。已后残梅矜夜魄，强随飞絮舞朝霞。霜葩荐莩何人共，碧实堆盘尽客夸。为汝泫然应有意，骚人端是感年华。"与韩愈诗有异曲同工之妙，都认为李花是雪花作成，难怪连春寒都增加了几分。而宋人郭祥正吟咏李花的诗："盈筐斗草红裙女，弹袖香毬白面郎。归去不嫌清夜冷，李花枝上月凝霜。"则描述了一幅春日的欢快景象：白天欣赏俊男踢球、美女斗草，夜晚也不嫌清冷，坐观月下如霜凝成的李花。《承平旧纂》载："萧瑀陈叔达于龙昌寺看李花，相与论李有九标。谓香雅淡细洁密，宜月夜、宜绿鬓、宜白酒。"笔者认为：香、雅、淡、细、洁、密，以及适合于年轻人在月夜喝着白酒观赏，作为李花的几个特点，再贴切不过。《灌园史》对桃花和李花的拟人比喻则更生动，曰："桃李不言，下自成蹊。予谓桃花如丽姝，歌舞场中定不可少。李花如女道士，烟霞泉石间独可无一乎。"即：桃花像歌舞场中的丽姬，而李花则如云游于山水之间的出家人。宋代杨万里七绝《读退之李花诗》写得很有意思："近红暮看失燕支，远白宵明雪色奇。花不见桃惟见李，一生不晓退之诗。"原来他读到韩愈有一句诗"花不见桃惟见李"，一直不能理解，并且纠缠了他好多年，因为古人善于桃李并种，为何只见李花而不见桃花呢？直到有一天晚上他去碧落堂看江对岸的桃李花，结果真的只看到李花而看不见桃。因为在暗弱光线下，只有白色比较明显，并能传得远，而红色在远处则无法看见。于是恍然大悟，写出此诗，并作序云："桃李岁岁同时并开，而退之有'花不见桃惟见李'之句，殊不可解。因晚登碧落堂望隔江桃李，桃皆暗而李独明，乃悟其妙，盖炫昼缟夜云。"此外还写一首七绝《李花》作进一步补充："李花宜远更宜繁，惟远惟繁更足看。莫学江梅作疏影，家风各自一般般。"认为李花要开得多，且在远处看才更漂亮。司马光的《李花》："嘉李繁相倚，园林淡泊春。齐纨翦衣薄，吴绤下机新。色与晴光乱，香和露气匀。望中皆玉树，环堵不为贫。"也歌颂了李花的洁白和素雅，对有人评李花"如东郭贫女"的偏见提出了不同的看法，认为李花即使在简陋的土墙内，也还如玉树琼花而丝毫不显其贫寒。此外，范屏麓更认为李花"香胜秋菊，姿比蜡梅"，其《李花》诗云："丽日风和暖，漫山李正开。盈林银缀簇，满树雪成堆。清馥胜秋菊，芳姿比蜡梅。杖藜游侠子，攀折晚归来。"

与李有关的成语也不少，如：投桃报李、李代桃僵、桃李满天下等。古乐府《鸡鸣》曰："桃生露井上，李树生桃旁。虫来啮桃根，李树代桃僵。树木身相代，兄弟还相忘。"故李代桃僵本以桃李共患难比喻兄弟相爱相助，后转化为代人受过之意。

在植物分类上，李花属于蔷薇科李属，学名：（*Prunus salicina*）（图6-1）。除了李花外，常见的还有红叶李（*P. ceraifera cv. pissardii*）（图6-2）和郁李（*P. japonica*）（图6-3）。入馔常用郁李的花。

《本草》记载：李根可治疮。服其花，令人好颜色。《太清方》云"桃李之花好颜色"，都充分说明李花有美容养颜之功效。

笔者十年前曾利用飘落的春花花瓣创制了一款花馔，当年起名"桃李芬芳"。如今把它稍作修改，转录于此。因其中的花都有美容养颜和延年益寿的功效，故更其名为"五花养颜汤"。更改中考虑全用春花，可能过于升发，故加入

图6-1　李花

图6-2　红叶李　　　　　　　　　　图6-3　郁李

一种略能内敛的秋花"白菊花"以调和其性味。制法十分简单：收集桃花、李花、樱花和海棠花的新鲜落瓣各2克左右，洗净（樱花和海棠花可在60℃左右的温水中略浸片刻）；干的白菊花5朵用温水浸泡；鸡蛋一枚、打匀；锅中注入鸡汤烧开后，边搅拌边徐徐倒入打匀的鸡蛋制成蛋花汤，加少许盐调味；蛋花汤煮好时，起锅，撒入鲜花瓣和菊花，略搅即可（图6-4）。

图6-4　花馔：五花养颜汤

MU

牡

丹

DAN

牡丹

牡丹妖艳乱人心

牡丹为芍药科芍药属植物，学名：*Paeonia suffruticosa*，在老分类系统中和芍药一起归于毛茛科。后发现它们的化学成分与毛茛科的其他植物很不相似，于是把它们从毛茛科中分出，成立芍药科。牡丹原产中国，2000多年前就记载了它们的药用，1600多年前，开始栽培观赏。至今栽培品种已超过1000种。李时珍《本草纲目》说："牡丹虽结籽而根上生苗，故谓'牡'（意思可以进行无性繁殖），其花红故谓'丹'。"

1804年，英国植物学家安得鲁斯（H. C. Andrews）根据从中国广州引种到英国的植株确定了牡丹栽培种的拉丁学名：*Paeonia suffruticosa*。20世纪90年代，中国科学家经过认真的调查整理，发现我国有牡丹野生种9个，即：矮牡丹（*P. jishanensis*）、卵叶牡丹（*P. qiui*）、紫斑牡丹（*P. rockii*）、杨山牡丹（*P. ostii*）、四川牡丹（*P. decomposita*）、紫牡丹

（*P. delavayi*）、黄牡丹（*P. lutea*）、狭叶牡丹（*P. potanini*）和大花黄牡丹（*P. ludlowii*），分布于我国11个省（区）。其中矮牡丹、紫斑牡丹和杨山牡丹（图7-1）与现代栽培牡丹的关系最密切，是中国现代数以千计的栽培牡丹的祖先。由此可见选牡丹作为中国国花应该也是当之无愧的。

如今，全国各地都栽植了大量的各式牡丹，如：洛阳、菏泽、彭州、亳州等。特别是洛阳，自唐以后，一直是牡丹种植中心，有"洛阳牡丹甲天下"之称。据说，这与武则天有关。宋代高承《事物纪原》载："武后诏游后苑，百花俱开，牡丹独迟，遂贬于洛阳。故洛阳牡丹冠天下。"说武则天在一个隆冬大雪天酒后游御

图7-1　杨山牡丹

花园见只有蜡梅独放。她乘酒兴醉笔写下诏书："明朝游上苑，火急报春知，花须连夜发，莫待晓风催。"恰逢天上百花仙子找麻姑下棋去了。天子之命不能违抗，于是，牡丹仙子让各司花仙子先下凡开花，自己去找百花仙子。第二天一早，宫女来报，御花园百花齐放，唯独牡丹未开。武则天一怒之下，叫宫人把牡丹拔下丢入火中烧了。刚烧到一半，牡丹仙子已经赶到，在火中枝叶烤焦的牡丹也开了出来。于是乎，人间牡丹多了一个新品种"枯枝牡丹"。武则天余怒未消，曰：死罪可免，活罪难逃。遂令人将牡丹发配充军至洛阳。从此"洛阳牡丹冠天下"矣。而枯枝牡丹在江苏盐城便仓镇的"枯枝牡丹园"种植最多。该园原来是南宋末年卞济之的私家花园，至今园内还有十棵宋代古牡丹。清代文人李汝珍在《镜花缘》中述称："如今世上所传的枯枝牡丹，淮南卞仓（便仓）最多，无论何时，将其枝梗摘下，放入火内，如干柴一般，顿可燃烧。"从1997年开始便仓每年还召开枯枝牡丹节。至今差不多开了近二十届。

牡丹被称为花中之王、国色天香。一直是历代文人墨客争颂的对象。唐舒元兴《牡丹赋》云："我按花品，此花第一。脱落群类，独占春日。其大盈尺，其香满室。叶如翠羽，拥抱比栉。蕊如金屑，妆饰淑质。玫瑰羞死，芍药自失。夭桃敛迹，秾李惭出。踯躅（笔者注：杜鹃花）宵逸，木兰潜逸。朱槿灰心，紫薇屈膝。皆让其先，敢怀愤嫉？"把牡丹的花中帝王之态刻画得淋漓尽致。任何花见到牡丹，谁敢不甘拜下风。明钱洪《赏牡丹》一诗也赞道："国色天香映画堂，荼䕷芍药避芬芳。"唐宋时期一些文人赏牡丹几乎到了如痴如醉的地步。如：白居易诗《牡丹芳》中描述牡丹"花开花落二十日，一城之人皆若狂"。王毂诗《牡丹》："牡丹妖艳乱人心，一国如狂不惜金。曷若东园桃与李，果成无语自成阴。"刘禹锡诗《赏牡丹》："庭前芍药妖无格，池上芙蕖（笔者注：荷花）净少情。唯有牡丹真国色，花开时节动京城。"当时的洛阳人甚至认为只有牡丹才能称花，即：洛阳花，而其余都不能称花。有诗为证：宋代邵雍《洛阳春吟》："洛阳人惯见奇葩，桃李花开未当花。须是牡丹花盛发，满城方始乐无涯。"另：李鹰的《洛阳名园记》记载："洛阳花甚多种，而独名牡丹曰花。凡园皆植牡丹，而独名此曰花园子。盖无他，池亭独有牡丹数十万本，凡城中赖花以生者，毕家于此，至花时，张幕幄列市肆，管弦其中，城中士女绝烟火游之，过花时则复为丘墟，破垣遗灶相望矣。今牡丹岁益滋，而姚黄、魏紫一枝千钱，姚黄无卖者。"姚黄形似皇冠、色如鹅黄，被尊为牡丹之王；魏紫也形似皇冠，但色紫如晶，被称为牡丹之后。徐意一诗云："姚魏从来洛下夸，千金不惜买繁华。"姚黄、魏紫和欧碧（豆绿）、赵粉还一起被称为牡丹的四大名品。如今牡丹的色系除了红、白以外，黄、绿、紫色及杂色牡丹也已成了常见品种（图7-2至图7-7），甚至还培植出黑牡丹。

图7-2 红色牡丹　　　　图7-3 黄色牡丹

　　笔者前文已经提到，牡丹最初均为野生，成书于汉代的《神农本草经》中已经记载了它的药用。而直至东晋才开始对它栽培观赏。安徽巢湖银屏山仙人洞洞口的上方，悬崖绝壁的岩石缝里，生长着一株野生白牡丹。这棵银屏白牡丹已经有一千多年的历史，至今仍然存活。欧阳修任滁州太守时曾慕名来此赏花，并写下著名诗篇《仙人洞观花》："学书学剑来封侯，欲觅仙人作浪游；野鹤倦飞为伴侣，岩花含笑足勾留。绕他世态云千变，淡我尘心茶半瓯；此是巢南招隐地，劳劳谁见一官休。"

图7-4 绯红色牡丹　　　　图7-5 绿色牡丹

图7-6　红白杂色牡丹

图7-7　白色牡丹

　　牡丹根皮入药称为"丹皮"或"牡丹皮"，历代本草均有记载，有清热凉血、活血散瘀作用，在中医药中有很广泛的应用。如：补肾阴中药处方"六味地黄丸"就用到丹皮。处方采用"三补三泻"的原则，以熟地补肾阴为主，辅以山萸肉补肝阴，山药补脾阴；用泽泻祛肾火，泻膀胱之热，通利小便；牡丹皮泻肝火，凉血散瘀，除骨蒸之热；茯苓渗水利湿，泻脾火，使浊水下泻，排出体外。在六味地黄丸的基础上，加加减减形成的地黄丸系列，构成中医治疗肾病的主要处方之一。另一个值得一提的含牡丹皮的中药处方是"大黄牡丹皮汤"，在手术条件不成熟的年代或地区，"大黄牡丹皮汤"和"败酱汤"的交替使用治疗急性阑尾炎，曾挽救了无数国人的性命。

国人之食牡丹花瓣也有悠久历史。据宋《复齐漫录》记载："孟蜀时礼部尚书李昊，每将牡丹花数枝，分遣朋友，以与平酥同赠。曰：俟花凋谢，即以酥煎食之，无弃浓艳。其风流贵重如此。"林洪《山家清供》云："宪圣喜清俭，不嗜杀。每令后苑进生菜，必采牡丹片和之。"清代顾仲《养小录》称："牡丹花瓣：汤焯可，蜜浸可，肉汁烩亦可。"

牡丹盛开之时，也是春笋繁茂之际。于是笔者创制了这款花馔"春笋牡丹"。制法十分简单：选白色或粉色的牡丹花新鲜落瓣10余片，（白色或浅色的牡丹花瓣口感相对较好，爽脆中略带甜味）。随手撕成小片，在开水中焯一下捞出；竹笋尖3个，在开水中略煮后捞出，切斜片；香豆腐干2块切丝；枸杞子5克，水发；青豆15克，开水中煮后捞出。锅中放入少量油，当油热时，倒入上述食材，翻炒，加少量鸡汤和盐调味，至熟盛盘。

本花馔特点：脆滑爽口，还略带牡丹花的清香。其中牡丹花能养血和肝、散郁祛瘀，可去除面部黄褐斑、防止皮肤衰老。竹笋含大量粗纤维，能协助排出体内毒素和一些有害物质。枸杞子中的多糖有抗癌和抗衰老的作用。因此本花馔在养颜美容和防止衰老方面具有一定的功效。

图7-8　花馔：春笋牡丹

兰花

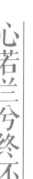

兰花

心若兰兮终不移

　　近日里夜晚沉睡时，似梦非梦间，总会吸入阵阵沁人心肺的幽香。原来家里的几盆春兰正在盛花期。本人没有研究考证过兰花释放的香气是否在夜里格外浓郁，或者是由于夜深人静万籁俱寂的缘故。我喜欢兰花，因为兰花的香气总是那么的高雅脱俗，那么的郁馥宜人，无怪乎一直被历代骚人墨客誉为天下第一香。宋代诗人黄庭坚《幽芳亭》称赞兰花："士之才德盖一国，则曰国士；女之色盖一国，则曰国色；兰之香盖一国，则曰国香。"

　　春兰为兰科兰属植物，学名：*Cymbidium goeringii f.*。兰科植物通常都被称为兰花，国人一般把中国生长的、花比较小而香味浓烈的温带型兰花称为"国兰"，而把其他一些兰花称为"洋兰"。洋兰多数为一些热带兰花，一般花大而漂亮，但大多数不怎么香。国兰可分为五大类：春兰、蕙兰（夏兰）、建兰（秋兰或四季兰）、寒兰和墨兰，它们都属于兰属，每一类都有很多栽培品种。一些贸易市场上的"天价"兰花都是国兰中的品种。春兰一般花茎上着生一朵花（很少两朵）（图8-1），而蕙兰（图8-2）、建兰（图8-3）、寒兰（图8-4）和墨兰每花茎着生多朵花。

中国的文人喜欢把国兰比喻为君子。黄庭坚云："兰甚似乎君子，生于深山丛薄之中。不为无人而不芳。雪霜凌厉而见杀，来岁不改其性也。"元代余同麓《咏兰》："百草千花日夜新，此君竹下始知春。虽无艳色如娇女，自有幽香似德人。"唐·杨炯《幽兰赋》也有"气如兰兮长不改，心若兰兮终不移"之描述。明代张羽《咏兰花》称："能白更兼黄，无人亦自芳，寸心原不大，容得许多香。"不但咏颂了兰花如君子的高洁之德，还暗示了其博大精深之学识和宽阔的胸襟。

图8-1　春兰

图8-2　蕙兰

图8-3 建兰　　　　　　　图8-4 寒兰

陈继儒《珍珠船》曰："世称三友，竹有节而啬花，梅有花而啬叶，松有叶而啬香，惟兰独并有之。"认为世称的岁寒三友都有缺憾，唯有兰花，叶与花、香兼得。苏辙的《幽兰花》："李径桃蹊次第开，浓香百和袭人来。春风欲擅秋风巧，催出幽兰继落梅。"巧妙地赞誉了兰花不与桃李争春的高尚风格。兰花还常被视为高洁的象征，诗文之佳美者喻为兰章，友谊真挚者称为金兰之交。从其品格而论，兰花堪比君子，但从其仪态来看，兰花又形似佳人。由于专业性质的缘故，笔者经常去野外采集标本，在福建、浙江和安徽的深山老林中，偶然也会见到正开的野生兰花，她们往往生长在山中小溪边的石缝中，犹如亭亭玉立的美女，孤寂而高傲地伫立在溪旁。故每当听到邓丽君的歌声"有位佳人，在水一方"，就会不由自主地想起兰花，就像"在水一方"的佳人，尽管这"水"仅仅是很小的山涧小溪。

兰花也一直是历代文人的笔墨对象，很多文人爱画兰。其中以"扬州八怪"之一的郑燮（郑板桥）最有意思。据说郑燮一生只画兰、竹、石，题诗云："四时花草最无穷，时到芬芳过便空；唯有山中兰与竹，经历春夏又秋冬。"此外，郑板桥也特别喜欢种植兰花。录一则郑板桥爱兰的趣事于此，博读者一笑。一天深夜，一小偷进了郑板桥家的院子。郑板桥为官清廉并不怕偷，只担心别碰翻了他种的兰花，也担心那贼被所养之犬咬伤，于是在黑暗中念了两句诗："细雨蒙蒙夜沉沉，梁上君子进我门。"小偷知道自己已被发现。只听得郑板桥又吟："腹内诗书存万卷，床头金银无半文。"那梁上君子明白了郑的暗示，便赶紧转身，郑接着吟道："出门休惊黄花犬，越墙莫损兰花盆。"小偷听了非常感激，便小心翼翼地爬墙出去，又听见了那个亲切的声音："天寒不及披衣送，趁着月色赶豪门。"尽管是轶事，但确实符合郑板桥的性格，其中诗句也流露出郑燮对穷人的同情。

国人之食兰，可追溯至汉代。枚乘的《七发》有"兰英之酒，酌以涤口"的描述。清代顾仲《养小录》载：兰花可羹可肴，但难多得耳。据说，那位称"吃是人生的最高艺术"的国画大师张大千亦善作羹肴，曾自创一款花馔"兰花鹅肝羹"。他常召集一班画友于其家中作画，在画友作画其间，自己去厨房烹制此羹。当画成之时，羹亦制得，端出与友共享，食者无不叫绝。因无从考证其制法，故笔者自拟该花馔。当年发表该花馔后，也曾与几位大厨探讨了一下，他们认为：为了突出兰花的清香，羹中不该滴入麻油，而鹅肝煮羹前可先用少量油煸炒一下。修改后的制作方法也很简单：取鹅肝一副，洗净、蒸熟，放冷后切片；锅中放入少量油，先把姜丝煸出香味，再倒入鹅肝翻炒后注入高汤，加黄酒和盐共煮，以水淀粉勾芡。取兰花十余朵洗净、焯水，备用（一般可用建兰或蕙兰的花，因为家里目前仅春兰在开，所以照片里用的是春兰。春兰的口味强于建兰和蕙兰，爽滑、清脆，只是代价略高）。如果有人对兰花花粉过敏，可摘除蕊柱（幸好笔者几乎什么都不过敏，所以整朵花都用来制羹）。羹熟时，加入兰花，再以少量胡椒粉调味，盛盘，即可（见图8-5）。兰花入药能调和气血、醒酒、解郁。故本花馔在鹅肝的补血养肝功效之外，又增加了兰花的健脾和胃和疏肝解郁作用。

图8-5 花馔：兰花鹅肝羹

　　笔者十年前还创制了一款花馔"空谷幽兰"（图8-6），用兰花和竹笋片煮汤（笋片也可先用油炒一下），象征着"谷中空无他物，幸得有竹（笋）相伴"之寓意。

图8-6 花馔：空谷幽兰

兰花还能入药，赵学敏的《本草纲目拾遗》称："素心建兰除宿气，解郁。蜜渍青兰花点茶饮，调和气血，宽中醒酒。黄花者名蜜兰，可以止泻。色黑者名墨兰，治青盲最效。"

搁笔之时，无意间想起在2014年的上海国际兰花展上，见到不少中国民间培植的兰花珍品。现选一张当时所摄之照片附于文后以飨读者。

图8-7 栽培国兰珍品选照

芍药

SHAO

YAO

有情芍药含春泪

芍药常常与牡丹相提并论，牡丹被认为是花中之王，而芍药则被认作花中之相。其实，芍药被人们认识、利用和栽培要远早于牡丹。并且牡丹最初连名字都没有，被称为"木芍药"。宋代虞汝明《古琴疏》中记载："帝相元年，条谷贡桐、芍药。帝令羿植侗于云和。令武罗伯植芍药于后苑。"帝相是夏代第五位君王，在位于公元前1936年至公元前1909年，帝相元年已将芍药栽植于后苑，可见芍药在我国的栽培至少已有近4000年的历史了。此后，先秦时期的《山海经》一书中，也多处提到芍药的野生分布。指出："绣山、条谷之山、勾木尔之山、洞庭之山等地，其草多芍药。"芍药还是古代男女恋人互赠之物。《诗经·郑风·溱洧》云："维士与女，伊其相谑，赠之以芍药。"晋代崔豹《古今注》载，牛亨问曰："将离相赠与芍药，何也？"答曰："芍药一名可离，故曰相赠与芍药。"所以芍药还被称为"将离"、"可离"、"离草"。

芍药为芍药科芍药属植物,学名:*Paeonia lactiflora*。主要分布区在欧亚大陆温带地区,野生约24种。我国有芍药、草芍药、美丽芍药、多花芍药、白花芍药、川赤芍、块根芍药、新疆芍药等8个种和6个变种,是世界公认的芍药属植物的自然分布中心和栽培品种的起源、演化中心。目前我国栽培的芍药品种已达700多种。除了单瓣、重瓣和半重瓣区分外,色系也有红、白、黄、绿、紫、粉等各种(图9-1至图9-6)。

李时珍曰:"芍药犹绰约也,绰约,美好貌,此草花容绰约,故以为名。"可见"芍药"最初是由"绰约"演变而来。由于芍药花色绚丽,馥郁芳香,可与牡丹媲美,故早在宋代,人们在把牡丹比作花王的同时,

图9-1 白色单瓣芍药

则把芍药比作花相。如杨万里《多稼堂前两槛芍药红白对开二百朵》云："红红白白定谁先，袅袅娉娉各自妍。最是倚栏娇外分，却绕经雨意醒然。晚春早夏浑无伴，暖艳清香正可怜。好为花王作花相，不应只遗侍甘泉。"由于芍药盛开于晚春初夏之交，此时牡丹已过，而芍药独艳，故诗人也常以此咏芍药之风格。如苏轼赞美芍药："一声啼鸩画楼东，魏紫姚黄扫地空，多谢化工怜寂寞，尚留芍药殿春风。"杨东山赞芍药："不浓不淡匀脂粉，非醉非醒媚雨风，过眼一春春又夏，开残芍药更无花。"我倒是觉得宋代秦观的七绝《春日》更有意思："一夕轻雷落万丝，霁光浮瓦碧参差。有情芍药含春泪，无力蔷薇卧晓枝。"特别是其中"有情芍药含春泪"之句，更是高度拟人化，把春雨比作芍药的眼泪，充满了对即将离去的春天的惜别之情。古人喜爱芍药以韩愈最痴狂，

图9-2 红色单瓣芍药

图9-3 粉红色单瓣芍药

图9-4 紫红色半重瓣芍药

图9-5 白色重瓣芍药

其七绝《芍药》曰："浩态狂香昔未逢，红灯烁烁绿盘龙。觉来独对清惊恐，身在仙宫第几重。"称芍药是从未见过的"浩态狂香"，

图9-6 红色重瓣芍药

花如红灯、叶如盘龙，以至醉卧花下，醒时不知身在何处仙宫。清代孔尚任诗《咏一捻红芍药》云："一枝芍药上精神，斜倚雕栏比太真。料得也能倾国笑，有红点处是樱唇。"把芍药花比喻为杨贵妃，其红色花蕊犹如贵妃樱唇，一笑照样倾国倾城。

古代芍药花还常被插作瓶花供奉在佛前，谓曰"佛花"。我不清楚是否由于常在佛前供奉的缘故，使芍药也带了"佛气"，开花犹如佛面。以至于古代诗人有"芍药花开菩萨面，棕榈叶散夜叉头"诗句的流传。

芍药的根是著名的中药，称为白芍，有养血凉血作用。另有草芍药和川芍药的根表面赤色，称为赤芍，具活血止痛功效。

国人之食芍药可追溯到汉代。枚乘在《七发》中就提到"勺药之酱"，而司马相如《子虚赋》有"勺药之和具，而后御之"的记载。宋代罗愿《尔雅翼》则有更详细描述："芍药制食毒，古有芍药酱，合兰桂五味，以助诸食。"说芍药可以解食物中毒，还可制成调味料。清代德龄女士在《御香缥缈录》中曾叙述慈禧太后

为了养颜益寿，特将芍药的花瓣与鸡蛋面粉混和后用油炸成薄饼食用。笔者在这里介绍一款花馔"芍药花炒鱼片"。用料：青鱼片200克、芍药花瓣20克、水发黑木耳30克、青豆5克。芍药花瓣口感不如牡丹花，故炒前可先用沸水焯一下（白色芍药花瓣的口感比有色的好，笔者为了突出该花馔的色泽，故还是用了紫红色芍药花瓣），锅中油热时把鱼片倒入先炒，快熟时放入黑木耳、芍药花瓣和预先煮熟的青豆，炒熟盛盘即可（图9-7）。

本花馔中芍药花具活血祛瘀、利水消肿作用；青鱼能化湿利水、祛风除烦；黑木耳有凉血排毒功效。三者合用更增加活血祛瘀、利水排毒之功效，还能美容养颜。

图9-7　花馔：芍药花炒鱼片

茉

莉

茉莉

啜茗清飘茉莉香

　　民歌《茉莉花》一个时期内成了中外文化交流演出中的必唱歌曲，有时几乎成了"中国"的代名词。其实茉莉花的原产地并非中国，而是波斯及印、巴等国，据唐代段公路的《北户录》记载："耶悉茗花（笔者注：素馨花），白茉莉花，皆波斯移植中夏，如毗尸沙金钱花也，本出国外，大同二年始来中土。今番禺士女，多以彩缕贯华卖之。愚详末利乃五印度华名，佛书多载之，贯华亦佛事也。"段公路指出素馨、茉莉等几种植物是在西魏大同二年，即公元536年传入中国。茉莉为梵语Mallika的译音，故在古书中又被译作抹厉、没利、末利、末丽等，或译成"抹丽"，意谓能掩众花也。佛书名鬘华，即可以装饰头发之花。晋代嵇含撰写的《南方草木状》中也提到了茉莉花，云："耶悉茗花、末利花，皆自西国移植于南海，南人怜其芳香，竞植之。"至于《南方草木状》一书，也有学者认为其中有些内容恐为唐宋及以后的文人补写。笔者在此不多探讨今日我们看到的《南方草木状》是否成书于晋代，但起码证明了一点：素馨、茉莉等花确实非中国原产。唐宋不少诗人的作品中也可见到类似描述。如宋代诗人王十朋的诗《茉莉》："茉莉名佳花亦佳，远从佛国到中华。老来耻逐蝇头利，故向禅房觅此花。"段公路在《北户录》中还说：广东番禺一带的妇女常用五彩丝线把花串起来卖。其实何止广东，今日江南水乡的苏州、上海一带，茉莉花仍是"卖花阿婆"竹篮中的主要品种之一。

茉莉花为木犀科素馨属（或茉莉属）植物，学名：*Jasminum sambac*（图10-1）。该属植物全世界约600多种，我国有60多种。中国产的该属植物，常见的有迎春花（*J. nudiflorum*）（图10-2）和云南黄素馨（*J. mesnyi*）（图10-3）等。素馨属植物的英文为：*Jasmine*（民歌《茉莉花》中茉莉花也被译成Jasmine），拉丁文为：Jasminum（-um为名词后缀），中国古代称素馨花为"耶悉茗"花，它们的发音非常接近，更证明素馨、茉莉等花是国外传来。唐宋以前中国不可能接触到英语，那时也完全没有拉丁学名（林奈的双命名法发布于1753年），所以拉丁名的Jasminum、英文的Jasmine和中国的"耶悉茗"都是从波斯语的"素馨"或"茉莉"音译而来。

历代文人对茉莉花的颂吟也极多，尤其以宋代为甚，有的甚至到了入木三分的地步。如：姚述尧的《行香子·茉莉花》："天赋仙姿，玉骨冰肌。向炎威，独

图10-1 茉莉花

图10-2 迎春花

逞芳菲。轻盈雅淡，初出香闺。是水宫仙，月宫子，汉宫妃。清夸薝萄，韵胜荼蘼。笑江梅，雪里开迟。香风轻度，翠叶柔枝，与王郎摘，美人戴，总相宜。"看其中描述：轻盈雅淡，犹如初出闺房之少女。像是龙宫仙女、月宫嫦娥、汉宫王妃。清芬超过薝萄（栀子花），韵味胜过荼蘼（一种白色的蔷薇花）。笑梅花仅在冬天迟迟才开。短短的几句却显示了茉莉花何等的风韵，又何等的气魄。又见：王庭珪《茉莉花》描写茉莉："逆鼻清香小不分，冰肌一洗瘴江昏。岭头未负春消息，恐是梅花欲返魂。"因梅花是开在严冬而茉莉却是开在炎夏，两者的香味也有些相似，故诗人怀疑茉莉花是否是梅花还魂而来。江奎还特别欣赏茉莉花的香味，他的七绝《茉莉》写道："灵种传闻出越裳，何人提挈上蛮航。他年我若修花史，列作人间第一香。"自古以来，茉莉还被认为有消暑作用。周密的《乾淳岁时记》记载："禁中避暑，多御复古选德等殿，及翠寒堂纳凉。置茉莉素馨等南花数百盆于广庭，鼓以风轮，清芬满殿。"看来宋朝的王公贵族在享受生活方面还真有他们独特的发明创造。诗人对茉莉消暑也多有描述，如：许棐《茉莉》："荔枝乡里玲珑雪，来助长安一夏凉，情味于人最浓处，梦回犹觉鬓边香。"张镃《蓦山溪》词："抚莲吟就，薝蔔还曾赋。相伴更无花，倦炉熏日长难度。柔桑叶里，玉碾小芙蕖（笔者注：芙蕖：荷花）。生竺国，长闽山，移向玉城住。池亭竹院，宴坐冰围处，绿绕百千丛。夜将阑争开迎露，煞曾评论，娇媚胜江梅。香称月，韵宜风，消尽人间暑。"

《群芳谱》记载了饮用"茉莉花茶"的方法："每晚采花，取井水半杯，用物架花其上，离水一二分，厚纸密封，次日花既可簪，以水点茶，清香扑鼻甚妙。"故宋代赵汝域已有"调琴独奏猗兰操，啜茗清飘茉莉香"之诗句的描述。明代冯梦桢的《快雪堂漫录》载有

图10-3 云南黄素馨

"茉莉酒"的制法："用三白酒，或雪酒色味佳者，不满瓶，上虚二三寸，编竹为十字或井字，障瓶口，不令有余不足。新摘茉莉数十朵，线系其蒂，悬竹下，离酒一指许，用纸封固，旬日香透矣。"

李时珍曰：茉莉花气味辛热，无毒。蒸液作面脂头泽，长发润燥香肌。宋代高濂《野蔬品》和清代顾仲《养小录》中均记载：茉莉花的嫩叶可同豆腐煮食，并称之为"绝品"。笔者以此为基础，在茉莉嫩叶煮豆腐中再加入茉莉的花，创作此款花馔"茉莉花绝品豆腐"。材料：嫩豆腐一盒、茉莉花20朵、茉莉嫩叶30克、水发香菇3个。制作：茉莉嫩叶洗净，在开水中焯一下，水发香菇切片。把嫩豆腐和茉莉的花、嫩叶及香菇置锅中，加入鸡汤共煮，再加入少许盐，至熟即可。本花馔口感清香脆爽，具理气解郁、除烦和美容作用，并能增加机体的免疫力（图10-4）。

尽管茉莉的花和嫩叶都可食，但茉莉的根却有毒。据明代《本草会编》载：茉莉根以酒磨一寸服，则昏迷一日乃醒，二寸二日，三寸三日。据说，华佗失传的"麻沸散"中也有茉莉根。纪晓岚的《阅微草堂笔记》中，关于茉莉根有一则生动的故事：福建某地有个年轻姑娘，为反对父母包办婚姻，临嫁前服食茉莉根造成假

图10-4　花馔：茉莉花绝品豆腐

死，入葬当晚，由其恋人掘墓开棺救出，逃至异乡结为夫妇。有些武侠小说中甚至把"千年茉莉根"作为毒性最强的几种毒物之一，恐怕也是基于此。现代科学研究已经证明：植物不同部位产生和储存的次生代谢产物有时会不一样。故茉莉花的根有毒，而花、叶可食，应该也是由于两个部位所含的次生代谢产物的不同而造成的。

桂花

G U I

H U A

桂花

觉来帘外木犀风

　　小时候住在上海老城区的石库门弄堂里，每当夜晚常可见挑着担子、串街走巷叫卖夜宵点心的小贩。"桂花赤豆汤、白糖莲心粥，火腿粽子、猪油夹沙八宝饭……"那叫喊声始终在耳边回旋。我特别喜欢他们的"桂花赤豆汤"，赤豆又糯又甜，还透着浓浓的桂花香。儿时的记忆是如此强烈，挥之不去。可惜由于家庭条件的缘故，偶尔才能吃到一碗。笔者喜欢桂花之香，因为它优雅的花香间，还带着丝丝的甜味。如今居住条件早已改善，我已从老城厢搬到了徐汇区的新式里弄，小区里就种植了很多桂花。每当八九月份桂花开花之时，小区内飘满了花香。花盛期间，我甚至怀疑自己是生活在天上月宫抑或是人间桂林。

　　桂花为木樨科木樨属植物，学名：*Osmanthus fragrans*，也称为木樨花，是中国十大名花之一。它在我国已经有2000多年的栽培历史。最常见的栽培品种有银桂（*O. fragrans var. latifolius*）（图11-1），丹桂（*O. fragrans var. aurantiacus*）（图11-2），金桂（*O. fragrans var. thunbergii*）（图11-3）和四季桂（*O. fragrans var. semperflorens*）（图11-4）。

因桂花于中秋前后开花，故其又常与月亮相联系。唐代段成式《酉阳杂俎》云："旧言月中有桂有蟾蜍。故异书言月桂高五百丈。下有一人常斫之，树创随合。人姓吴名刚，西河人。学仙有过，谪令伐树。"吴刚、桂花再加上嫦娥，就构成了我们熟知的关于"月宫"的神话。据冯贽《南部烟花记》记载："陈后主为张丽华造桂宫于光昭殿后，作圆门如月，障以水晶。后庭设素粉罘罳，庭中空洞无他物，惟植一株桂树，树下置药杵臼。使丽华恒驯一白兔，时独步于中，谓之月宫。"作为国君的陈叔宝对张丽华之宠爱居然达到了如此的地步，怪不得陈国会毁于其手。古人欣赏木樨如此小之花

图11-1　银桂　　　　　　图11-2　丹桂

却具如此浓郁之花香。如：杨万里诗《凝露堂木犀》：
"雪花四出剪鹅黄，金粟千麸糁露囊。看去看来能几
大，如何著得许多香。"另一首还更有意思："梦骑白
凤上青空，泾度银河入月宫。身在广寒香世界，觉来帘
外木犀风。"闻着帘外吹来的木犀风，连做梦都梦到自
己骑着白凤飞到了月宫。历代文人墨客们还欣赏桂花不
与百花争春，尽管无色无格，但其香却无他花可比。朱
淑真词《菩萨蛮》咏桂花："也无梅柳新标格，也无桃
李妖娆色，一味恼人香，群花争敢当。情知天上种，飘
落深岩洞。不管月宫寒，将枝比并看。"李清照词《鹧
鸪天》曰："暗淡轻黄体性柔，情疏迹远只香留。何须
浅碧深红色，自是花中第一流。梅定妒，菊应羞，诗书
闲处冠中秋。骚人可煞无情思，何事当年不见收。"就

图11-4　四季桂

是梅花和菊花也会嫉妒木樨的花香。宋代无名氏的词《金钱子》描写得更是细腻，在一夜秋风的摧残下，花谢叶落，唯有木樨还是如此的优雅，并且吐香如兰麝。词云："昨夜金风，黄叶乱飘阶下。听窗前、芭蕉雨打。触处池塘，睹风荷凋谢。景色凄凉，总闲却、舞台歌榭。独倚阑干，惟有木樨幽雅。吐清香、胜如兰麝。似金垒妆成，想丹青难画。纤手折来，胆瓶中、一枝潇洒。"而朱敦儒词《清平乐》也可谓同出一辙："人间花少，菊小芙蓉老。冷淡仙人偏得道，买住西风一笑。前身应是红梅，黄如点破冰肌。只道暗香犹在，参横清似南枝。"清初文人高士奇的《北墅抱瓮录》称："凡花之香者，或清或浓，不能两兼。惟桂花清可涤尘，浓能透远，一丛开花，邻墙别院，莫不闻之。"

　　国人食桂花也已有悠久历史。屈原的《九歌》中就有"援北斗兮酌桂浆"的描述。明代的《便民图纂》

记载：（木犀）花开时，择枝繁处带花删下，连叶阴干收贮。来年伏中将叶泡汤服，温腹去暑。又云：桂花点茶，香生一室。菊英次之。入茶为清供之最。《清供录》载：天香汤，白木犀盛开时，清晨带露，用杖打下花，以布被盛之，拣去蒂萼，顿在净瓷器内，候聚积多。然后用新砂盆擂烂如泥。木犀一斤，炒盐四两，炙粉草二两拌匀，置瓷瓶中密封，曝七日。每用沸汤点服。一名山桂汤，一名木犀汤。

　　如今，人们善于把桂花用糖渍，制成糖桂花，或者把桂花采下、阴干，制成桂花干。并且已经成了制作甜品最常用的佐料。笔者对"桂花赤豆汤"还是情有独钟，制后录于此。关键是赤豆必须要酥糯，口感才会好。新赤豆容易煮酥，如果是陈赤豆可以先用水浸两小时，然后用大火煮开，再小火焖煮两小时即可（图11-5）。

图11-5　桂花赤豆汤

夜来香

夜来香

翠帘疏雨夜来香

　　"那南风吹来清凉，那夜莺啼声凄怆，月下的花儿都入梦，只有那夜来香，吐露着芬芳。我爱这夜色茫茫，也爱这夜莺歌唱，更爱那花一般的梦，拥抱着夜来香，闻这夜来香……"这首今日流传甚广的歌曲《夜来香》是黎锦光先生1944年创作的。据说那年6月的一天夜晚，黎锦光在徐家汇百代公司为京剧名旦王桂秋灌唱片。那天天气特别闷热，灌制工作安排好之后，王桂秋还未到。当年的录音棚没有空调，非常闷热，黎锦光就走到外面透气、散步。不料徐徐南风送来阵阵夜来香的香气，远处还不时传来几声夜莺的叫声，黎锦光忽觉灵感来袭，随手就写下了几句歌词并着手谱曲，经反复推敲修改定稿后，给周璇、龚秋霞、姚莉等大牌歌星试唱，但此歌音域太宽，她们都不太合适，只得作罢。而当年24岁的李香兰那天到百代公司录影片主题歌，无意中在黎锦光的办公桌上见到了这首《夜来香》。一试唱，顿时欣喜若狂，与黎锦光商榷后，就成了《夜来香》的原唱。到如今几十年过去了，已经没有几个人还记得李香兰，黎锦光的名字也渐渐被人淡忘。但这首《夜来香》，随着邓丽君的翻唱却传遍了全球的华人世界。新中国成立后，百代公司被改建成了"中国唱片厂"。一直到2000年，中国唱片厂连同周围的大中华橡胶厂等企业全部被拆除又改建为徐家汇公园，唯一的一幢建筑，就是当年黎锦光创作《夜来香》的百代公司办公的小红楼，作为历史遗迹被保存了下来（图12-1）。

图12-1　当年百代公司办公楼

笔者也非常喜欢这首《夜来香》，除了其优美的歌词和悦耳动听的旋律外，还有一个很重要的理由：夜来香花还是一种十分可口的花馔食材。可以说是笔者最爱吃，并且口感最好的入馔鲜花。

民间被称为"夜来香"的植物，有多种。人们善于把夜晚发出香气的花都称为夜来香。如：石蒜科的晚香玉（*Polianthes tuberose*）、茄科的夜香树（*Cestrum nocturnum*）和紫茉莉科的紫茉莉（*Mirabilis jalapa*）等。但真正的夜来香，是萝藦科的藤本植物，学名就叫"夜来香"，花黄绿色成簇开放。拉丁名：*Telosma cordata*，花馔的用料就是这一种。它也是两广地区最常用的入馔花卉之一（图12-2）。笔者曾在广西工作了近十年，有位邻居恰好种植了一株夜来香，每当夏日的夜晚就会随风传来阵阵清香。故而其间也曾多次品尝过夜来香花馔的美味。直至几十年后的今天，一当听到邓丽君的这首《夜来香》，我仍然会不由自主地想起在广西的日日夜夜和令人食之难忘的夜来香花。

图12-2　夜来香花食材

夜来香入馔最常见的做法是煮蛋花汤。制作很简单：在锅中放入鸡汤，煮滚时加入洗净的夜来香花，再滚起时倒入打好的鸡蛋，加盐调味，煮开即可。爱吃香菜的人还可撒上些香菜叶子。因为上海找不到夜来香的食材，所以委托笔者早些年毕业的研究生，现在广州工作的杨志业代为制作这款花馔"夜来香蛋花汤"，并拍摄照片（图12-3），在此特向她表示感谢。

夜来香味淡、性凉，具清热消肿、平肝明目等功效。可用于治疗目赤红肿，迎风流泪，急、慢性结膜炎和角膜炎等症。所以在炎炎夏日能吃上一碗凉爽清口的夜来香蛋花汤，也可以说是一种人生享受。

夜来香原产美洲热带，清代引入我国。当时的文人学士对夜来香也有不少记述。如：徐珂《清稗类钞·饮

图12-3　花馔：夜来香蛋花汤

食类》中，有一篇《毛对山食夜来香》记载："花中之夜来香，直北颇贵，至粤西，则人多取以入馔，风味颇清美，谓于屏菊之外，添一故事。一日，毛对山在酒楼小饮，适有此品。"可见广西人食夜来香花清代已经开始。并且当时的饭店已经有夜来香的菜肴。

夜来香在清代还被作为佩花。如程颂万词《忆江南》："江南忆，最忆是河房。晓起鹦呼新客至，晚妆人戴夜来香。水阁爱清凉。"及方子云诗："黄昏时候便生香，特向红闺助晚妆。解识风流花性格，但求庭院早斜阳。花颜叶色绿成堆，香气浑疑月送来。可惜开时当夏夜，五更容易便相催。"而金醉墨的诗："幽花薄暮转含芳，臭味如兰色染黄。开向瑶阶宵泡露，摘来玉手晚成妆。悠悠冰簟消繁暑，馥馥风帷透浅凉。一种清芬过茉莉，梦回犹是带余香。"对夜来香的描述颇为生动。其中描写得最为细腻的要数黄之隽的词《满庭芳·咏夜来香》："天暝瑶廊，香迷珠槛，暗里寻到藤边。小葩柔蒂，五出绽匀圆。护煞娇黄淡绿，芳心怕、炎暑熏煎。凉阶晚，微闻逗漏，抹丽一时妍。堪怜风细处，幽馨软弱，难到樽前。借纨扇、兜来一缕龙涎。记起灵芸小字，销魂甚、谁捧婵娟。休奢摘，红栏宝枕，人静就花眠。"把少女因为闻到夜来香花的香气，一路寻找，最终到达藤边，小心翼翼地呵护，用扇子兜来一缕芳香，而后在花旁就花而眠的画面刻画得栩栩如生。其中这"兜"字用得特好。另外还有一些诗人歌颂夜来香"不在白昼与群芳竞争，而于夜晚带来满室馨香"的高尚风格，如：龚迅的七绝《夜来香》："永昼群芳竞短长，此花无语立在旁。待得清风明月夜，一展矫容满室香。"而樊增祥的《虞美人》："楼西过雁斜行一，映月收钿笛。覆翻纨扇味秋凉，领略翠帘疏雨夜来香。花时过赏人如玉，许可霞颜驻。酒杯斟酌浅深愁，叶落晚风金井绿桐秋。"则表现了一种借用夜来香花来解秋愁的思绪。从这些清代诗词的描述我们可以明显地看出这是萝藦科的夜来香：藤本、花五出匀圆状、黄绿色。至于晚香玉、夜香树和紫茉莉等，何时开始被冠以"夜来香"的芳名，已经无从考证了。

栀子花

ZHI ZI HUA

栀子花

六出薝卜林间佛

五六月份的江南正是恼人的黄梅天，似乎天天下雨，天气又闷又热，连墙上和地上都会渗出水来。几乎没有人会喜欢黄梅天。但是栀子花恰恰那时才开。她从不延误花信，每年伴随黄梅而来。静静地、悄悄地在庭院的一角绽放她那六出白花。花瓣是如此的洁白，白得令人心生怜悯；又是如此的芳香，香得使人透彻心肺。多亏有栀子花的盛开，才使我们在烦人的黄梅天得到一丝慰藉（图13-1）。

栀子为茜草科栀子属植物，学名：*Gardenia jasminoides*。我国长江中下游及以南地区为栀子的原产地。据唐代段成式《酉阳杂俎》记载："诸花少六出者，唯栀子花六出。陶真白言：栀子剪花六出，刻房七道，其花香甚，相传即西域薝蔔花也。"宋代苏颂《图经本草》云："南方及西蜀州郡皆有栀子，其木高七八尺。叶似李而厚硬，又似樗蒲子。二三月生白花。花皆

图13-1　栀子花

六出，甚芬香。俗说，即西域薝蔔也。"但也有不少记载认为薝蔔非中国栀子。如：宋代赵汝适的《诸蕃志》曰："栀子出大食哑巴闲、罗施美二国。状如中国之红色，其色浅紫，其香清越而有酝藉……即佛书所谓薝蔔是也。"明代周吉甫《金陵琐事》记载："南京凤台门外白云寺，近牛首山处，有太监郑强墓地。旁栽薝蔔一丛。系三宝太监郑和从西洋取来。花瓣似莲而稍瘦，外紫内淡黄色，嗅之辛辣触鼻，微有清香。"可惜此丛薝蔔花在清初已经不复存在。据以上两段文字记载薝蔔应开淡紫色花、有辛辣触鼻之香气。与中国栀子有较大区别，估计为同属不同种植物。但从《酉阳杂俎》以后，文人们常称栀子为薝蔔。故本食谱中"薝蔔煎"也以薝

图13-2 栀子果实

蔔命名。李时珍曰："卮，酒器也。卮子象之（指其果实），故名。"（图13-2）今俗加木作栀。并称其花"悦颜色，千金翼方面膏用之"。

宋代诗人曾端伯把十种花称为"花中十友"，其中栀子花为"禅友"。看来栀子花与佛教还真的有些关系。人们常说"佛国净土"，而栀子花是如此的洁白，白得有如"佛国"仅有。此外，古人也常把栀子花供于佛前，故得"禅友"之名。明代文震亨的《长物志》云："蔔薝清芬，佛家所重。古称禅友，殆非虚言。昔宰相杜悰建薝蔔馆，形亦六出，器用之属皆象之。"而苏东坡也有"六出薝蔔林间佛，九节菖蒲石上仙"的名句流传。

古人对栀子花的洁白无瑕有甚多描写。如：沈周诗《薝蔔》："雪魄冰花凉气清，曲阑深处艳精神。

一钩新月风牵影，暗送娇香入画庭。"朱淑真的诗《栀子》："一根曾寄小峰峦，蓊萏香清水影寒。玉质自然无暑意，更宜移就月中看。"都是对栀子的绝妙写照。清代杨继端《瑶花·咏栀子花》词云："涂香晕色，腻粉团酥，产瑶池仙境。梅风乍拂，看六出、差与雪花相近。晶盘贮水，常伴得、玉纤清润。笑绮窗、对此同心，也算合欢髻忿。朝凉恰好梳头，称蝉翼轻分，斜压云鬓。菱花月满，钗朵重、不减旧时丰韵。多情蛱蝶，又栩栩、飞来相并。误几回、梦醒纱橱，寻遍小屏山枕。"把栀子花与美人晨起梳妆相结合，是如此细腻、贴切。其中有一句"对此同心"，是指栀子果实的"结子同心"。因此栀子花也是古代青年男女互表爱情的信物。历代文人墨客对此也多有颂吟。如唐代诗人韩翃的七律《送王少府归杭州》中的"葛花满把能消酒，栀子同心好赠人"和宋代赵彦端《清平乐·席上赠人》词中"与我同心栀子，报君百结丁香"都是相似之意。其中写得最有意思的要数宋代吴文英的词《清平乐·书栀子扇》："柔柯剪翠，蝴蝶双飞起，谁堕玉钿花茎里？香带熏风临水，露红滴下秋枝。金泥不染禅衣，结得同心成了，任教春去多时。"特别是最后一句"结得同心成了，任教春去多时"，既有"只要栀子花已经结果，管他春天已去多时"的现实，又有"只要找到知心爱人，心中永远都是春天"之含意。

栀子花入馔在中国也早有记载。本花馔"蓊萏煎"收载于宋代林洪的《山家清供》，曰："旧访刘漫塘

图13-3　花馔：薝蔔煎

宰，留午酌，出此供，清芳极可爱。询之，乃栀子花也。采大者，以汤焯过，少干，用甘草水和稀，拖油煎之，名'薝蔔煎'。杜诗云：'于身色有用，与物气相和。'既制之，清和之风备矣。"高濂的《野蔌品》也记载："（栀子）采半开花，矾水焯过，入盐葱丝、大小茴香、花椒、红曲、黄米饭，研烂，同盐拌匀，醃压半日，食之。用矾焯过，用蜜煎之，其味亦美。"根据林洪《山家清供》的方法，笔者制作了这款花馔"薝蔔煎"（图13-3）。

栀子花瓣开水焯后挤干水分，可去除一些异味。用甘草煎汁调和面粉，可使油煎后口味更佳。其中的有效成分甘草酸、甘草次酸等具镇咳祛痰、抗菌、抗病毒和解毒，以及增加机体免疫力等功效。

木芙蓉

图14-1　红白双色木芙蓉

秋季最美的景色可能要数木芙蓉了。如果说桃花的粉红有如少女脸上的红晕，那么，木芙蓉的粉红则像极了醉酒的少妇。并且特别可爱的是一棵树上常会有几种深浅不同颜色的花（图14-1）。由于木芙蓉花瓣中花青素的含量会随着光照程度而变化，所以花的颜色常常会一日三变，早上初开时白色，中午则变成桃红色，而傍晚变成大红色。这也是为什么同一棵树上的花会有不同颜色的原因，因为同一棵树上的几朵花开放的时间不一样。

木芙蓉为锦葵科木槿属植物，学名：*Hibiscus mutabilis*。原产我国，目前栽培品种有单瓣、重瓣和半重瓣，色系主要为白色和红色（图14-2至图14-3）。

木芙蓉又称木莲、华木或拒霜花。明代文震亨《长物志》云："芙蓉宜植池岸，临水为佳"，因此有"照水芙蓉"之称。木芙蓉是成都的市花，成都又称为"蓉

图14-2　白色单瓣木芙蓉

图14-3　粉红色半重瓣木芙蓉

城"，指的就是木芙蓉。此事与五代蜀后主孟昶有关，据说孟后主的妃子花蕊夫人特别喜欢芙蓉花，孟昶为讨爱妃欢心，颁发诏令：在成都城头尽种芙蓉。待到来年花开时节，成都"四十里如锦绣"，于是成都就有了"锦城"和"芙蓉城"的美称。后蜀灭亡后，花蕊夫人被宋朝皇帝赵匡胤掠入后宫。花蕊夫人因常常思念孟昶，偷偷珍藏他的画像，以慰思念之情。赵匡胤知道后，令她交出画像，花蕊夫人不从，赵匡胤一怒之下将她杀死。后人因敬仰花蕊夫人对爱情的忠贞不渝，尊她为"芙蓉花神"。

历代诗人多有把木芙蓉比喻为美人者。如：宋代晏殊的词《睿恩新》："芙蓉一朵霜秋色，迎晓露、依依先拆。似佳人、独立倾城，傍朱槛、暗传消息。静对西风脉脉，金蕊绽、粉红如滴。向兰堂、莫厌重新，免清夜、微寒渐逼。"形容木芙蓉似佳人伫立于脉脉西风中，点缀着满目秋色。而王安石的诗《木芙蓉》则把芙蓉花比喻为带醉梳妆的美人："水边无数木芙蓉，露染胭脂色未浓，正似美人初醉著，强抬青镜欲妆慵。"郑域的描述："妖红弄色绚池台，不作匆匆一夜开，若遇春时占春榜，牡丹未必作花魁。"对芙蓉花的赞赏达到了崭新的高度："如果芙蓉花开在春天，恐怕牡丹也不一定能争到花魁。"古代的文人墨客多爱木芙蓉，常把它和菊花相比而称赞其晚节。如：明代吴孔嘉的诗《木芙蓉》："半临秋水照新妆，澹静丰神冷艳裳，堪与菊英称晚节，爱他含雨拒清霜。"《广群芳谱》亦云："此花清姿雅质，独殿众芳。秋江寂寞，不怨东风。可称俟命之君子矣。"可能是芙蓉花色太像醉酒美人，故历代诗人特爱在木芙蓉下饮酒作诗。有些写得真堪叫绝，笔者这里摘录两首以飨读者。一首宋代周紫芝的词《渔家傲·夜饮木芙蓉下》："月黑天寒花欲睡，移灯影落清尊里。唤醒妖红明晚翠。如有意，嫣然一笑知谁会。露湿柔柯红压地，羞容似替人垂泪。著意西风吹不起。空绕砌，明年花共谁同醉。"另一首，清代王又曾的《酷相思·饮芙蓉花下作》："一簇花光楼角倚，正花下深杯递，渐斜照玲珑红影殢。人道是花先醉，花道是人先醉。衣上酒痕巾上泪，尝不尽愁滋味。问秋色如今还有几？花去也，留无计；人住也，归无计。"既细腻、又生动，还带点诙谐。这真是：人在花下饮，花面映人脸。不知是人先醉，还是花先醉？

除前面提到的孟后主和花蕊夫人外，另一个值得一提对木芙蓉有特殊感情的人是唐朝女诗人薛涛。薛涛曾居浣花溪，溪畔多植芙蓉花。木芙蓉茎皮可制纸，薛涛再以芙蓉花染色，制成红色小笺写诗，称"薛涛笺"而风靡一时，写出了"不结同心人，空结同心草"等著名的诗句。

芙蓉花入馔历代文献也多有记载。宋代林洪的《山家清供》中记载一款木芙蓉的花馔"雪霞羹"。该花馔有清热凉血，理气养胃之功效。如今笔者按照《山家清供》的记载试制此雪霞羹。制法十分简单：新鲜的芙蓉花瓣20克洗净、控干，嫩豆腐一盒，把芙蓉花、豆腐和鸡汤共煮，加盐调味即可。煮时也可加入少许竹笋尖切的丝。由于此馔以芙蓉花和豆腐为原料，其菜肴红白相映，犹如雪霞争辉，曾使清代诗人袁枚为之躬身三折腰，以求得制羹秘诀，一时传为佳话。本花馔的木芙蓉花瓣含有较多的黏液质，所以口感很好，又滑又脆。与豆腐共煮，柔软滑爽，柔中带脆。木芙蓉有清热凉血作用，豆腐能益气和中，二者合用更增强清热解毒和益气养胃的效果（图14-4）。

笔者在十年前还创制过一款花馔"秋水芙蓉"。用木芙蓉花瓣和春笋丝、火腿丝煮汤，借用唐代诗人高蟾诗句："芙蓉生在秋江上，不向东风怨未开"之意境，倒也别具一番风味。

图14-4　花馔：雪霞羹

Y
U

玉
兰

L
A
N

玉兰

玉兰千载流芳馨

作为上海市花的白玉兰，它现在被广泛地栽植于公园、绿地和各色庭院中。我爱白玉兰，爱它开在早春其他春花未开之时，更爱它盛开时的满树皆白、洁白无瑕。白玉兰的花，先于叶开放，所以它开时，没有一片叶子，只见一片晶莹雪白，

图15-1 白玉兰

有时几乎有一种令人肃然起敬的感觉。明代王象晋《群芳谱》云："玉兰花九瓣，色白微碧，香味似兰，故名。"王世懋的《学圃馀疏》记载："玉兰早于辛夷，故宋人名以迎春，今广中尚仍此名。千干万蕊，不叶而花。当其盛时，可称玉树。树有极大者，笼盖一庭。"（图15-1）

图15-2　紫玉兰　　　　　图15-3　广玉兰

　　白玉兰又名玉兰、望春，古时也称为迎春、应春和玉堂春；为木兰科木兰属植物，学名：*Magnolia denudata*。木兰属全世界约90种，中国有30多种。除白玉兰外，常见的还有紫玉兰（*M. liliflora*）（图15-2）和广玉兰（荷花玉兰）（*M. grandiflora*）（图15-3）。白玉兰和紫玉兰原产中国，它们在我国的栽培已经有2500多年的历史。紫玉兰又名辛夷，古时也称为木兰、木笔。由于木兰和替父从军的花木兰同名，唐代诗人白居易曾写了好几首关于木兰的诗，把它比喻为花木兰。其中有一首写道："腻如玉指涂朱粉，光似金刀剪紫霞。从此时时春梦里，应添一树女郎花。"所以从唐代以后，紫玉兰又得了一个"女郎花"的雅名。

　　广玉兰则是一个外来种，原产北美洲美国的东南部。它为高大常绿乔木，由于它开的花和荷花类似，所以也称为荷花玉兰。木兰科中还有一种大名鼎鼎的外来植物"白兰花"，学名：*Michelia alba*，它原产于印度尼西亚爪哇岛。白兰花是江浙一带"卖花阿婆"篮子里最常见的佩花（图15-4）。因为这四种花都可以作为花馔食材，所以在这里一起略作介绍。

图15-4 白兰花

　　玉兰和木兰都为中国原产，所以历代文人墨客的作品中有很多颂咏。古时人们已能很好地区分玉兰和辛夷，并且也已知晓它们的亲缘关系，故同列一项而类比。如：清代屈大均诗："辛夷与玉兰，一白复一紫。二花合一株，颜色更可喜。"明代王谷祥《玉兰》："皎皎玉兰花，不受缁尘垢。莫漫比辛夷，白贲谁能偶。"而王世贞《玉兰》诗："暂藉辛夷质，仍分薝葡光。微风吹万舞，好雨净千妆。月向瑶台并，春还锦障藏。高枝凝汉掌，艳蕊胜唐昌。神女曾捐珮，宫妃欲试香。谁为后庭奏，一曲按霓裳。"称赞了玉兰既有辛夷的品质，又有栀子的光华，犹如高枝凝聚的玉掌，更胜唐昌观里的玉蕊，比喻微风细雨中的玉兰花犹如白衣仙女在翩翩起舞。类似的描述还可见明代张茂吴和陆树声的两首七律《玉兰》。张茂吴诗云："千花红紫艳阳看，素质摇光独立难。但有一枝堪比玉，何须九畹始征兰。唐昌的的春犹浅，汉掌亭亭露欲泻。几曲后庭传乐府，张星和月正栏杆。"陆树声的《玉兰》："葱茏芳树雨初干，樽酒花前洽笑欢。日晃帘栊晴喷雪，风回齐阁气生兰。参差玉佩排空出，烂漫香鳞拥醉看。自是东君苦留客，莫教弦管易吹残。"历代文人有无数赞美玉兰"洁白"而"芳馨"的高尚品格之诗句流传。如："玉兰千载流芳馨，清风凌厉连红晓"（宋·陈宗道）、"翠条多力引风长，点破银花玉雪香"（明·沈周）、"霓裳片片晚妆新，束素亭亭玉殿春"（明·睦石）、"绰约新妆玉有辉，素娥千队雪成围"（明·文征明）等。而明代卢龙云的七律《玉兰花》则描写得更为细腻和生动，诗云："楚畹曾传擅国香，奇花如玉色偏良。千红未羡桃林满，万绿宁夸柳径芳。白帝初分瑶作蕊，素娥只喜淡为妆。看来月下浑无色，却认枝头有暗香。"

关于木兰（紫玉兰）的诗词，历代也有不少。如唐代庾传素的《木兰花》："木兰红艳多情态，不似凡花人不爱。移来孔雀槛边栽，折向凤凰钗上戴。是何芍药争风彩，自共牡丹长作对。若教为女嫁东风，除却黄莺难匹配。"给了木兰很高的评价，认为只有牡丹和芍药才可与其媲美。木兰又有木笔的别名，所以也有诗人颂咏"梦笔生花"。如：明代张新《木兰》诗云："梦中曾见笔生花，锦字还将气象夸。谁信花中原有笔，毫端方欲吐春霞。"唐代欧阳炯诗句："应是玉皇曾掷笔，落来地上长成花。"由于紫玉兰开花时有一种似开非开的感觉，唐代诗人裴廷裕借此抒情，表达了微雨中独立看花，盼望离人归来的迫切心情。诗云："微雨微风寒食节，半开半合木兰花。看花倚柱终朝立，却似凄凄不在家。"

白兰花尽管非中国原产，但估计很早就引入我国。在唐宋时代的作品中已有对白兰花的描述。如：唐代武平一的《杂曲歌辞·妾薄命》："轻罗小扇白兰花，纤腰玉带舞天纱。疑是仙女下凡来，回眸一笑胜星华。"和宋代杨万里的七绝《白兰花》："熏风破晓碧莲苔，花意犹低白玉颜。一粲不曾容易发，清香何自遍人间。"

玉兰的花蕾为中药辛夷，具散风寒、通鼻窍之功效，常被用来治疗鼻窦炎和过敏性鼻炎等。这四种木兰科植物的花都可以作为花馔食材。但是由于它们大多含有木兰花碱类生物碱，所以会有些苦味，入馔时最好用沸水焯后，挤干水分再面拖，则口味较佳。历代文献，如：《花镜》《养小录》和《广群芳谱》中都有有关的记载。清代文人叶申芗词《一落索·玉兰》也对此有描述："玉树青葱竞秀，恰迎春开候。嫩苞九瓣臭如兰，最留得，芬芳久。品与辛夷疑斗，宛琼瑶雕就。落英还比菊堪餐，偏宜是，酥煎透。"据此，笔者介绍历代文人推荐的"香脆玉兰片"。取白玉兰新鲜落瓣30克，开水焯后挤干水分；甘草20克煎汁与面粉调成糊状；把白玉兰花瓣放在面粉糊中滚一下，再在麻油锅中炸至金黄色即可（图15-5）。

甘草有润肺止咳作用，在中药中用于调和药性，并且有甜味。现代药理研究证明甘草中的有效成分具抗菌消炎和调节机体免疫力的效果。古代文献中很多面拖油炸的花卉都喜欢用甘草煎汁和面，看来是有一定道理的。而用麻油炸玉兰片，可使其更香脆。本花馔有润肺止咳、活血祛瘀和调节机体免疫力的作用。

图15-5　花馔：香脆玉兰片

菊花

JU

HUA

夕餐秋菊之落英

菊花

陶渊明的"采菊东篱下，悠然见南山"可以说是国人最熟知的关于菊花的诗句了，同时此意境也成了人们最向往的田园生活的模板。从"采菊东篱下"可知，晋代已经开始种植菊花了。

菊花为菊科菊属植物，学名：*Dendranthema morifolium*。该属植物全世界共30种，中国有18种。经考证原始菊花是在陶渊明所处的晋代（公元365年或更前）通过毛华菊（*D. vestitum*）、野菊（*D. indicum*）（图16-1）及紫花野菊（*D. zawadskii*）等野生菊属植物之间的天然杂交，和人工长期选育而成。其中野菊和毛华菊是栽培杂交菊花的主要亲本。至唐代初期，公元729—749年间菊花经朝鲜传至日本。至1789年，中国菊花才第一次出口法国，其中一个紫色复瓣品种栽培成活。这里说的"复瓣"不是一般花的"单瓣"或"重瓣"，因为每一朵菊花都是一个花序，每一瓣都是一

图16-1 野菊花

朵小花。所谓"复瓣"只是菊花中心的盘花（管状花）也全部变异成如同缘花（舌状花）一样。宋代是我国菊花研究、发展的鼎盛时期，1104年刘蒙的《菊谱》问世，收有菊花品种36个，为我国第一部菊花专著。至1242年史铸的《百菊集谱》，已经记载菊花品种达163个之多。目前全世界栽培的菊花品种已经达到30000种以上，我国约有4000种。除了蓝色以外，其他各种色系都已经覆盖（图16-2至图16-4）。现在菊花是全世界商品产值居于首位的花卉，并且名列四大切花之首（菊花、月季、香石竹、唐菖蒲），被誉为世界两大花卉育种奇观之一（另一个为月季）。

图16-2 形形色色的栽培菊花

图16-3　紫色复瓣菊花

图16-4　黄色复瓣菊花

　　菊花历来被文人墨客尊为花之君子，三国时期，司马昭的重要谋士钟会称赞菊有五种美德："园花高悬，谁天极也。纯黄不杂，后土色也。早植晚发，君子德也。冒霜吐颖，象贞质也。杯中体轻，神仙食也。"我赞美菊花，在于它的高洁、在于它的淡雅，所谓"人淡如菊，心静如水"。古人之爱菊花还在于它的独傲深秋，不与百花争春。如唐代元稹《菊花》一诗所云："秋丛绕舍似陶家，遍绕篱边日渐斜。不是花中偏爱菊，此花开尽更无花。"菊花又有高风亮节之誉，宋代韩琦《九日水阁》云："虽惭老圃秋容淡，且看黄花晚节香"。明代朱淑真的七绝《黄花》："土花能白又能红，晚节犹能爱此工。宁可抱香枝上老，不随黄叶舞秋风。"都可看出此意境。古人有时也借菊铭志，如黄巢诗《赋菊》："待到秋来九月八，我花开后百花杀。冲天香阵透长安，满城尽带黄金甲。"和朱元璋的《菊花》："百花发，我不发；我若发，都骇煞。要与西风战一场，遍身穿就黄金甲。"充分表达了他们立志推翻旧王朝的英雄气概。但也有少数古代诗人借菊花的纤细和秋天开花，比喻自己孤独、凄凉的处境。如宋代李清照的《醉花荫》："莫道不销魂，帘卷西风，人比黄花瘦。"

　　《警世通言》中还收载了一段苏东坡和王安石之间关于"菊花落瓣"不同观点的趣事。一天苏东坡去王安石府上拜访，被仆人安排在书房等候，见到王安石题为《咏菊》的诗稿，只写有"西风昨夜过园林，吹落黄花满地金"两句。他觉得菊花并不落瓣，何来"吹落黄花满地金"？于是便依韵续了两句："秋花不比春花落，说与诗人仔细吟。"写后，又觉不妥，便不待晤面就一走了之。当王安石得知苏东坡续诗讥讽自己之事，决定煞一下苏东坡的傲气。王安石所咏之落瓣菊花产于黄州。不久，经王安石安排，苏东坡被任命为黄州团练副使。那年重阳节之后几天，连日大风，苏东坡去后花园赏菊花，只见菊花棚下满地遍洒黄灿灿的菊花，枝上全无一朵。这时他才明白王安石调他至黄州的目的是让他来看菊花。此时他才认识到自己的才疏学浅，从此变得谦虚些了。

国人食菊已有数千年的历史，如：屈原的《离骚》中，就有"朝饮木兰之坠露兮，夕餐秋菊之落英"的名句。晋代嵇含的《菊花铭》："煌煌丹菊，暮秋弥荣。葳蕤圆秀，翠叶紫茎。诜诜仙神，徒餐落英。亲尊是御，永祚延龄。"均可看出古人托食菊以示其清高。宋代苏东坡更宣称："吾以杞为粮，以菊为糗，春食苗，夏食叶，秋食花实而冬食根，庶几乎西河南阳之寿。"宋代史正志的《菊谱》载菊花"苗可以菜，花可以药，囊可以枕，酿可以饮，所以高人隐士篱落畦圃之间，不可一日无此花也"。晋代葛洪的《抱朴子》云："菊花汁，莲，樗汁和丹蒸之，服一年，寿可五百岁。"虽然有些夸张，但至少说明菊花有延年益寿的功效。盛弘之的《荆州记》更有生动的记载："南阳县北八里有菊水，其源旁悉芳。菊水极甘馨。又中有三十家不复穿井，即饮此水。上寿百二十、三十。中寿百余。七十者，犹以为夭。汉司空王畅太傅袁隗为南阳县令，月送三十余石。饮食澡浴悉用之。太尉胡广久患风羸，恒汲饮此水，疾遂疗。"宋苏辙也有诗云："南阳白菊有奇功，潭上居人多老翁。"欧阳修的《菊》："共坐栏边日欲斜，更将金蕊泛流霞。欲知却老延龄药，百草摧时始见花。"都是类似的描述。据说清代的慈禧太后也很爱食菊，并发明了菊花火锅。现代医学证明，菊花能降血压、降血脂、扩张冠状动脉，并含有较高含量的硒。

图16-5 杭白菊

这些都与菊花延年益寿的功效有关。如今人们喜欢把杭白菊（图16-5）、胎菊、亳菊等泡茶喝，恐怕也是因为菊花的这些药理功能。笔者在此介绍一款花馔"杞菊虾仁"。取虾仁150克洗净，拌入一个鸡蛋清、盐和少量黄酒，炒前先在冰箱中放置2小时，可使虾仁更有弹性。枸杞子6克，温水略发。青豆6克，预先煮熟。菊花瓣3克，在沸水中焯一下。锅中油热时，先把虾仁、青豆和枸杞子同炒，虾仁快熟时，再把菊花瓣放入，翻炒盛盘（图16-6）。

本花馔中的菊花和枸杞子都有清肝明目作用，和虾仁合用，不但疏肝明目，还增加养颜美容功效，而且口感也很好。

图16-6 花馔：杞菊虾仁

杜鹃

DUJUAN

杜鹃

清溪倒照映山红

　　杜鹃，既是花名，又是鸟名。民间传说杜鹃花的红色花瓣是杜鹃鸟啼血染成。其实杜鹃花有各种色系，除了红色外，黄、白、粉、绿等都有，单红色就有很多种。并且花形大小不一。它们同属于杜鹃花属，属名*Rhododendron*来源于希腊文，原来的意思是"玫瑰树"。全世界约有杜鹃花属植物900多种，中国有530余种，是全世界杜鹃花属植物的分布中心。特别是我国西南地区和喜马拉雅山麓分布种类最多。我国南北朝和唐代已经有大量文献和诗词记载了杜鹃花，有些也已提到了杜鹃花的栽培。所以杜鹃花在中国至少有1500多年的栽培历史。该属植物最常见的种类有映山红（杜鹃）（*Rhododendron simsii*）、大白杜鹃（*R. decorum*）和黄杜鹃（羊踯躅）（*R. molle*）等（图17-1至图17-4）。其中羊踯躅具较大毒性，千万不能入口。大白杜鹃是云南白族等少数民族常用的入馔花卉。

图17-1 映山红 　　　　　图17-2 大白杜鹃

　　历代文献中最早出现的杜鹃花属植物是羊踯躅，出现在各类《本草》中。如晋代陶弘景的《本草经集注》提到："羊踯躅，羊食其叶，踯躅而死，故名。"此后的《本草》也多有提到杜鹃花。如《本草纲目》云："杜鹃花一名红踯躅，一名山石榴，一名映山红，一名山踯躅。处处山谷有之，高者四五尺，低者一二尺。春生苗，叶浅绿色。枝少而花繁，一枝数萼，二月始开，花如羊踯躅，而蒂如石榴。花有红者、紫者，五出者，千叶者。小儿食其花，味酸无毒。"

　　从唐代开始，文学作品中有大量关于杜鹃花的描写出现。诗人白居易似乎对杜鹃花有特殊喜好，曾写过多首咏赞杜鹃花的诗。如《山石榴花》："晔晔复煌煌，花中无比方。艳天宜小院，条短称低廊。本是山头物，今为砌下芳。千丛相向背，万朵互低昂。照灼连朱槛，玲珑映粉墙。风来添意态，日出助晶光。渐绽燕支萼，犹含琴轸房。离披乱剪采，斑驳未匀妆。绛熘灯千炷，红裙妓一行。此时逢国色，何处觅天香。恐合栽金阙，思将献玉皇。好差青鸟使，封作百花王。"是对杜鹃花最生动而又贴切的描述。其诗《题山石榴花》："一丛千朵压栏干，剪碎红绡却作团。风袅舞

图17-3 羊踯躅

图17-4 杜鹃花属一种

腰香不尽，露消妆脸泪新干。蔷薇带刺攀应懒，菡萏生泥玩亦难。争及此花簷户下，任人采弄尽人看。" 和《山石榴寄元九》："闲折两枝持在手，细看不似人间有。花中此物是西施，芙蓉芍药皆嫫母。" 则给予杜鹃花极高的评价："人人赞美芍药与荷花，可是它们与杜鹃花相比，似乎是以嫫母比西施。"能从如此高度来赞美杜鹃花者，自古以来恐无几人。此外，杜牧的《山石榴》："似火山榴映小山，繁中能薄艳中闲。一朵佳人玉钗上，秖疑烧却翠云鬟。"和宋代杨万里的《杜鹃花》："何须名苑看春风，一路山花不负侬。日日锦江呈锦样，清溪倒照映山红。"也是咏杜鹃花诗中的佼佼者。由于杜鹃口腔上皮和舌部都为红色，古人误以为它啼得满嘴流血。如：唐代诗人成彦雄诗："杜鹃花与鸟，怨艳两何赊，疑是口中血，滴成枝上花。"历代文人有不少诗词涉及此说，有给以赞美者，也有以此寄托哀思者。如清代叶申芗词《忆王孙·红杜鹃》："杜鹃啼候恰开花，血染花枝艳妒霞。万紫千红总逊他。斗风华，元白联吟特地夸。"和宋代高观国词《浪淘沙》："啼魄一天涯，怨入芳华。可怜零血染烟霞。记得西风秋露冷，曾浣司花。明月满窗纱，倦客思家。故宫春事与秋赊。冉冉断魂招不得，翠冷红斜。"对白杜鹃花的赞美，古人也有不少着墨。如宋代赵成德诗《白杜鹃花》："冰肌玉骨擅无双，不与山花斗艳妆。欲染啼红冤杜宇，争如傅粉伴何郎。"

杜鹃花入馔一般用映山红和大白杜鹃。杜鹃花属植物很多都有毒性，其实大白杜鹃也有一定毒性，但云南白族等少数民族喜食其花，他们在食前先把大白杜鹃的花水煮后，再用冷水漂二三天以除去其毒性。映山红无毒，但入馔前也须焯水，再挤干水分，以改善口感。笔者在此介绍一款花馔"杜鹃花金钩豆腐"。用映山红花瓣10克，焯水、挤干水分；嫩豆腐一盒；金钩虾米10克，剁成茸；水发香菇20克，切片；豆腐、虾米和香菇加入鸡汤共煮，快熟时再加入映山红花瓣，用盐和胡椒粉调味（图17-5）。

映山红花性温，味酸、甘；具活血止血、祛风除湿之功效；与豆腐共煮更增加活血祛瘀和祛风除烦的功效。

图17-5　花馔：杜鹃花金钩豆腐

山茶

S H A N

C H A

山茶独殿众花丛

　　一本小说、一部歌剧，法国作家小仲马的《茶花女》把世上多少热恋中的男女青年迷得如痴如醉。由威尔第作曲的歌剧《茶花女》至今仍是全世界最常被演出的歌剧之一。剧中歌曲《饮酒歌》已成了歌剧界中的流行金曲，一直是高层次音乐会的必唱曲目。而给我印象更深的倒是1936年米高梅公司出品的电影《茶花女》。今年恰逢该影片发行八十周年。其中葛丽泰·嘉宝饰演的女主角玛格丽特尽管是个风尘女子，但仍不失其高贵、典雅。她为了心爱的人甚至可以牺牲自己生命的精神，已经成了那个时代爱情的典范。据说，"茶花女"还确有其人。她原名"阿尔封西娜·普莱西"，出身于诺曼底一个贫农家庭。其父曾是一个跑江湖的术士，又酗酒，常打老婆。母亲因不堪虐待而早故。12岁的她跟着一个卖艺老头四处流浪。后只身来到巴黎，改名玛丽·迪普莱希，凭着聪颖和美貌，不久便成了红粉世界里的一颗新星和巴黎交际界红极一时的女王。那些达官贵人，豪门富商，纷纷拜倒在她的石榴裙下，以能得她青睐为荣。她生性偏爱茶花，因应接不暇，故选择两种颜色的茶花作为是否同意接见的标志：红茶花表示同意接见，而白茶花则表示不同意。然而，正当她春风得意之时，却患上了肺结核。不久便香消玉殒，终年23岁。她无亲无戚，死后，她两个旧情人为她操办了简单的后事。茶花女的墓，位于巴黎东北角的蒙马特尔公墓区内。墓碑上写着她的原名："阿尔封西娜·普莱西（1824.1.19－1847.2.3）长眠于此。"她虽无亲属，可墓前一年四季却不断摆有各种各样的花，这都是世界各地游客慕名而来的心意。我常常会想茶花女为什么会如此喜欢茶花？除了花色漂亮，花期较长外，与茶花较晚才从中国引入欧洲有关，即所谓"物以稀为贵"。据考证，茶花最早是1739年，英国从中国引进半重瓣红花的山茶品种（即茶花女所戴的红色山茶花）（图18-1），而玛格丽特所佩带的白色山茶花（千叶白，也称为"雪塔"）（图18-2）则是一位英国东印度公司的船长在1792年才带到英国，以后再传入法国，所以"茶花女"所处的时代是茶花刚传入法国不久。

茶花为山茶科山茶属植物，该属植物包括了著名的观赏花卉、中国十大名花之一的茶花、世界三大饮料之一的茶叶和食用油类重要来源的油茶。全世界山茶属植物共220种，全部分布于亚洲。我国有195个自然种，是该属的分布中心。我们如今的观赏茶花全部由山

图18-1 红色半重瓣山茶花

图18-2 千叶白山茶花（雪塔）

茶（*Camellia japonica*）和滇山茶（*C. reticulate*）两个自然种经过人工长期培育而来的栽培品种。栽培茶花的品种，据美国茶花协会20世纪80年代初的统计已经达到5000多种。

　　我国1800多年前就开始了茶花的栽培，三国蜀汉张翊的《花经》中，以"九品九命"的等级品评当时的观赏花卉，"山茶"被列为"七品三命"。成书于北魏正始四年至北魏末年之间（507—534年）的《魏王花木志》中记载了当时两大类茶花的称渭：栽培于中原地区的"海石榴"和栽培于广西桂州（今桂林市）的"山茶"。故在历代赞美茶花的诗文中，除"山茶"之名外，还常常称其为"海石榴"或"海榴"。至唐宋时期茶花的栽培品种已经多达几十种，如：鹤顶茶、玛瑙茶、宝珠茶、杨妃茶、石榴茶、月丹、照殿红、千叶红、千叶白等。除了单瓣、重瓣和半重瓣区分外，仅红色色系中也有大红、粉红、绯红、嫣红等的区分（图18-3至图18-5）。

　　明末清初戏曲家李渔在他所著的《闲情偶记》中形容茶花："花之最能持久，山茶、石榴者也，但石榴犹不及茶花，石榴经霜即脱，而山茶戴雪而荣。则此花者也，具松柏之骨，挟桃李之姿，历春夏冬秋如一日，殆草木而神仙者乎？又况种类极多，由浅红以至深红，无一不备。其浅也，如粉如脂，如美人之腮，如酒客之面；其深也，如朱如火，如猩猩之血，如鹤顶之朱，可谓极浅深浓淡之致，而无一毫遗憾者矣。"他对茶花的

图18-3　单瓣红色山茶花

图18-4　重瓣粉红色山茶花

图18-5　重瓣绯红色山茶花

刻画真的到了入木三分的境地：其红色浅者，如美女之腮红、醉客之面容。深者，又如猩猩血、鹤顶红。茶花既具桃李的姿色，又具松柏的品格，历四季如一日，真乃花中之神仙也！明代邓渼在《茶花百韵·序》中谓茶花有十绝："色之艳而不妖；寿经三四百年者犹如新植；枝干高耸有四五丈者，大可合抱；肤纹苍润，黯若古云气樽垒；枝条黝斜，状如尖尾龙形；蟠根兽攫，轮囷离奇，可屏而几，可藉而枕；丰叶如幄，森沉蒙茂；性耐霜雪，四季常青；次第开放，历二三月；水养瓶中，十余日颜色不变。"清代段琦的《山茶花》诗："独放早春枝，与梅战风雪。岂徒丹砂红，千古英雄血。"把茶花的红色写成"英雄血"，认为茶花与梅花一样，是"战风雪"的"千古英雄"，确实也不为过。唐·司空图的《红茶花》云："景物诗人见即夸，岂怜高韵说红茶。牡丹枉用三春力，开得方知不是花。"特别是后两句，把对茶花的赞美提升到一个新的高度：牡丹用了三年的功夫才开，谁知在山茶面前连"花"都算不上。明代诗僧释普荷的《山茶花》则更有气势："冷艳争春喜烂然，山茶按谱甲于滇。树头万朵齐吞火，残雪烧红半个天。"万朵红茶花在残雪中盛开，似乎把天也烧红了半边。明代张新的《宝珠茶》："胭脂染就绛裙襴，琥珀装成赤玉盘。似共东风解相识，一枝先已破春寒。"和宋代王安石词《蝶恋花·山茶花》："巧剪明霞成片片，欲笑还颦，金蕊依稀见，拾翠人家妆易浅，浓香别注唇膏点。竹雀随队烟岫远，晚色溟濛，六出花飞遍，此际一枝红绿眩，画工谁写银屏面。"则描述得更生动和细腻。形容茶花是胭脂染就、琥珀装成，是红霞巧剪、浅妆点唇，红绿交杂闪烁于飞舞的雪花间。而刘克庄的七律《山茶》："青女行霜下晓空，山茶独殿众花丛。不知户外千林缟，且看盆中一本红。性晚每经寒始拆，色深却爱日微烘。人言此树尤难养，暮溉晨浇自课童。"则对茶花的栽培略谈自己的看法：只要注意浇水，其实茶花很好种。

山茶花入药和入馔历代文献中也多有记载。清代张璐的《本草逢原》载："山茶，吐血、衄血、下血为要药。生用能破宿生新，入童便炒黑则能止血。"《本草再新》曰山茶花：治血分，理肠风，清肝火，润肺养阴。汪绂的《医林纂要探源》认为：山茶花能补肝缓肝，破血去热。清代诗人陈维崧的词《醉乡春·咏茶花》："鼎内乳花将溜，瓶里五花选逗，真皓洁，太伶俜，雪暗花园如绣。"既写了茶花的食用，又写了茶花的插花和茶园的景色。"乳花"是指油炸后产生的泡花。"溜茶花"：用茶花瓣拖面油煎后糁糖制成点心，或加配料制成菜肴。可见茶花入馔已有久远的历史。笔者这里介绍一款极为简单的茶花花馔："茶花鲫鱼汤"（图18-6）。

图18-6　花馔：茶花鲫鱼汤

　　制法非常简单：鲫鱼二尾（约300克）去鳞、鳃和内脏，洗净，在五成热的油中炸成金黄色取出；新鲜的山茶花瓣30克，在开水中焯后挤干水分；把葱白和姜丝在锅里煸出香气，再把鲫鱼放入，加鸡汤、盐和黄酒煮汤；汤沸时加入山茶花和胡椒粉盛盘即可，爱吃香菜的人还可以盛盘后撒上一些香菜叶子。山茶花能破血去热、润肺养阴，鲫鱼有健脾利湿和通络下乳作用，两者合用更增加其活血祛瘀和利水消肿的功效，还能平肝润肺。由于山茶花中含有一些茶碱类生物碱，故入馔时宜焯水后挤干水分使用，可使口味稍佳。

莲花

LIAN

HUA

莲花

莲出淤泥而不染

　　说到与佛教的关系，没有什么植物可以与莲花相
提并论的了。佛教两大宗之一的大乘佛教（我国的佛教
多属大乘），皆用莲花作佛像座。他们认为莲花出淤泥
而不染，象征佛祖从生死烦恼中出生，又从生死烦恼中
解脱。按佛教解释，莲花是"报身佛所居之净土"。唐
代崔融《为百官贺千叶瑞莲表》载："按华严经云，莲
花世界是庐舍郇佛成道之国。一莲花有百亿国。无量清
净经云，无量清净佛，七宝池中生莲花上。夫莲花者出
尘离染，清净无瑕。有以见如来之心，有以察如来之
法。"佛教中还把说法微妙，谓之"口吐莲花"。

　　作为佛像座的莲花实际上主要为两种植物：中国莲
（荷花）和睡莲。它们都是为睡莲科植物。荷花属于睡
莲科莲属，学名：*Nelumbo nucifera*，古代也称菡萏、
芙蕖、芰荷或水芙蓉（图19-1）。而睡莲为睡莲科睡
莲属，学名*Nymphaea tetragona*（图19-2）。佛教最初

图19-1　荷花　　　　　　　　图19-2　睡莲

是由印度传入我国，有意思的是：印度佛像的像座以睡莲为主，而到了中国以后，佛像的像座则以荷花为主。西方的一些学者把荷花的英文名翻译为*Est India Lotus*，他们认为荷花原产印度，实际上是错误的。我国学者经过多方面的研究，以及古植物学和考古学的实物发现，都充分证明我国才是荷花的世界分布和栽培中心。关于荷花的文字记载，最早见于我国3000年前的《诗经·郑风》："山有扶苏、隰有荷华。""彼泽之陂，有蒲有荷。"可见我国栽培食用莲藕已有3000年的历史，而栽培观赏荷花至少也已有2500多年。据统计我国现在栽培的荷花品种已达332个，花型有单瓣、半重瓣和重瓣，色系有白色、深红、粉红等（图19-3）。在睡莲科植物中，我们还常能见到一种较大型的水生植物"王莲"，它是1801年由德国植物学家Haenke T. 在南美旅行时，于亚马孙河中发现，1827年并以当时英国女王

Victoria（维多利亚）的名字作为王莲的属名，1850年被引种到欧洲。1959年，中国从德国引种并在温室内栽培获得成功，称之为"王莲"，学名：*Victoria regia*（图19-4）。

　　历代文人对莲花有很多吟诵，当然几乎都是针对中国莲花（荷花）的。他们特别赞赏莲花的"出淤泥而不染"。宋代周敦颐的《爱莲说》谓莲："水陆草木之花，可爱者甚蕃。晋陶渊明爱菊，自李唐以来世人甚爱牡丹。予独爱莲出淤泥而不染，濯清涟而不妖。中通外直，不蔓不枝。香远益清，亭亭净植。可远观而不可亵玩焉。予谓菊，花之隐逸者也。牡丹，花之富贵者也。莲，花之君子者也。"清代《西苑芙蕖赋》称荷花"濯素挺生，拔泥不滓。外直中通，花荣实旨。洁比高人，清同君子。" 宋代许顗的《彦周诗话》曰："世间花

图19-3　白莲花

图19-4　王莲

卉无逾莲花者，盖诸花皆藉暄风暖日，独莲花得意于水月。其香清凉。虽荷叶无花时亦自香也。"对莲花描述得最为形象、生动的要数清代文人彭孙遹的词《一寸金·莲花》："水面新妆，小著红绡弄烟雾。似艳分霞晕，倚栏微笑，娇含檀粉，向人低语。独立愁无侣。觅旧日、张郎何处。乍临风、一种轻盈，玉奴初学凌波步。此夜瑶台，月明香细，翠袖沾清露。问玲珑秋藕，几时丝尽，鲜妍莲子，为谁心苦。正隔江欲采，盼佳期、美人迟暮。诉相思、有恨无情，梦断西洲路。"把莲花比喻为"新妆美人倚栏独立，尽管面带微笑，但心中思郎愁苦无人倾诉"的情景刻画得栩栩如生。历代文人的诗词作品中，以莲花喻美人出浴、梳妆的还有不少。如：明代诗人张祥鸢的诗《莲花》："日气沉山紫，荷花照水明。香含风细细，影没月盈盈。妃子华清浴，神君洛浦行。向人娇欲语，解语恐倾城。"把莲花比喻为贵妃出浴时的娇柔体态。而金代诗人赵沨的《盆池荷花》："一泓寒碧甃波光，雨后妖红独自芳。不许纤尘汙秀质，政须清吹发幽香。洛神初试凌波袜，妃子来从礜石汤。休笑埋盆等儿戏，要令引梦水云乡。"既把莲花比喻为贵妃，又比喻为洛神。在所有咏莲诗中，最脍炙人口的大概要属杨万里的《红白莲》了，诗云："红白莲花开共塘，两般颜色一般香。恰如汉殿三千女，半是浓妆半淡妆。"两色莲花有如汉宫三千美女，红莲是浓妆，白莲是淡妆。元代蒲道源诗《觉和尚庵赏白莲》则对白莲花有甚高评价："冰雪肌肤出淤泥，伶俜寒影照涟漪。晓风浮冷梦初醒，夜月婵娟清更宜。未要露浓垂别泪，先看水滑洗凝脂。陶诗近体惊儿女，大笑庐山远法师。"

荷花入药和入馔在历代文献中也有不少记载，荷花入药有清心凉血、解热毒和益色驻颜的功效。可用来治疗跌打瘀血、疮疖肿毒和面部色斑等。荷花入馔，据曾在清宫服侍慈禧太后的女官德龄所撰写的回忆录《御香缥缈录》载："荷花的花瓣也是太后所爱吃的一种东西，在夏季里，常教御膳房里采了许多新鲜的荷花，摘下它们最完整的瓣来，浸在用鸡子调和的面粉里，分成甜咸两种，加些鸡汤或糖，一片片地放在油锅里炸透，做成一种极适口的小食。"明代屠隆的《考槃余事》载："于日未出时，半含白莲花拨开，放细茶一撮，纳满蕊中，以麻皮略扎，令其经宿，次早摘花，倾出茶叶，用建纸包茶焙干。"元朝末年文学家、史学家陶宗仪的著作《辍耕录》中有一段关于文人把小杯置荷花中饮酒以示风雅的生动描述："至正庚子秋七月九日，饮松江泗滨夏氏清樾堂上。酒半，折正开荷花，置小金卮于其中，命歌姬捧以行酒。客就姬取花，左手执枝，右手分开花瓣，以口就饮。其风致过碧筒远甚。余因名为解语杯。"笔者在此介绍一款荷花煮的粥，名："莲花小米瘦肉粥"。用粳米、糯米、小米各30克，淘净后加瘦猪肉30克（切丝）一起煮粥。鲜荷花瓣15克，洗净切丝，葱花、盐少许。当粥快成时，加入荷花丝、盐和葱花，粥成即可（图19-5）。

　　本花粥有静心养胃和护肤美容作用。

图19-5　花馔：莲花小米瘦肉粥

金银花

JIN YIN HUA

花发金银满架香

我们熟悉金银花恐怕主要不是基于它的观赏性，而是通过它的药用性。特别是每当一些病毒性疾病（如：SARS、禽流感等）流行时，作为中药的金银花需求剧增，甚至引起全国缺货。金银花在抗菌、抗病毒方面的作用，在所有的中药中都可以算是首屈一指的。

金银花又称为忍冬，是忍冬科忍冬属藤本植物，拉丁学名为*Lonicera japonica*。忍冬科不大，但忍冬属却不小。全世界有忍冬属植物约 200 种，我国有98种，广布于全国各省区，以西南部种类最多，其中可供药用的品种达47种。各地最常见的即为栽培用做中药原料的金银花。此花初开时白色，授粉以后则变为黄色，所以在同一枝条上能见到黄白两色之花，这也是金银花名字的由来（图20-1）。除此之外，在一般公园里还常能见到两种忍冬，一种是金银花的变种：红白忍冬（L. japonica var. sinensis）（图20-2），另一种为栽培杂交种：京红

图20-1 金银花

久忍冬（L. heckrotti）（图20-3）。

金银花古时还名鸳鸯藤、鹭鸶藤、通灵草、金钗股等。金代段克己的《同封仲坚采鹭鸶藤因而成咏寄家弟诚之》一诗对金银花作了很好的描述："有藤名鹭鸶，天生非人育。金花间银蕊，翠蔓自成簇。褰裳涉春溪，采之渐盈掬。药物时所需，非为事口腹。牛溲与马渤，良医犹并蓄。况此香色奇，两通鼻与目。尤喜疗疮疡，先贤讲之熟。世俗不知爱，弃置在空谷。作诗与题评，使异凡草木。"其弟段成己（诚之）见后和了一诗《和鹭鸶藤》："微雨洒郊坰，百卉欣并

图20-2 红白忍冬

图20-3　京红久忍冬

育。幽花发溪侧，间错金珠簇。徐看是鹭藤，香味浓可
掬。忍饥出新句，大笑负此腹。遗落榛莽间，采撷谁间
蓄。情知无俗姿，安能悦众目。先生日来往，东溪路应
熟。一经品题余，名字耀岩谷。遇合良有时，不才异
山木。"并作序曰："吾兄同仲坚采鹭鸶藤于午芹之东
溪，因咏诗见示。前代诗人未尝闻赋此者，此花长于田
野篱落间，人视之与草芥无异。是诗一出好事者将知所
贵矣，感叹之余敬次其韵有与我同志继而述之，不亦懿
乎。"情况也确实如此，段克己之前几乎没见到有颂吟
金银花的诗文。正如清代诗人叶申芗词《点绛唇·金银
花（一名鹭鸶藤）》所云："钗股双垂，色分黄白真纤
巧。珠萦翠绕，小摘宜清晓。茗战争新，香助汤功妙。
谁知道，段家诗好，初把芳名表。"清代有不少诗人歌颂金银花的"暗香"和"忍冬"精神。如：王夫之《金钗股》："金虎胎含素，黄银瑞出云。参差随意染，深浅一香薰。雾鬓敧难整，烟鬟翠不分。无惭高士韵，赖有暗香闻。"王渔洋《金银花》："雨稀不见笋穿棚，桐老髡如退院僧。惭愧诸天犹供养，香花开遍鹭鸶藤。黄银树与青金树，未见虚闻汉苑傍。何似金银花满桁，夜来消受逆风香。"和查慎行《赋得忍冬花送楼村同年南归，分韵得群字》："鸳鸯亦有偶，鹭鸶亦有群。岂渭阅展暮，遽看黄白分。亭亭羞独艳，两两含清芬。愿保忍冬意，嗒焉吟送君。"但也有诗人因金银花名含"金银"，用此影射世人趋附金钱的炎凉世态。如清代诗人蔡涥的《金银花》："金银嫌尽世人忙，花发金银满架香。蜂蝶纷纷成队过，始知物态也炎凉。"和杜达的《金银花》："声名非足羡，臭味独堪亲。心苟能无欲，花原不累贫。芬芳聊永日，黄白岂神通。试煮贪泉酌，知准易性真。"

忍冬与佛教也有着密切的联系，在佛教中，认为忍冬越冬而不死，比喻人的灵魂不灭、轮回永生。故忍冬被认作是佛教植物而广泛用在佛教艺术上。他们依据忍冬藤的样式，创制了那种带着叶子甚至小花的藤状纹饰，称之为忍冬纹。据考证，忍冬纹在东汉末年便开始应用于佛教艺术。至南北朝时最为流行，成了佛教艺术中使用最广泛的装饰纹饰之一。它和莲花纹一起成了佛教艺术上最具代表性、也是最具特色的纹样。

金银花较多用于中药中，为清热解毒、抗菌消炎之要药。明代张介宾的《本草正》曰："金银花善于化毒，故治痈疽、肿毒、疮癣、杨梅、风湿诸毒，诚为要药。毒未成者能散，毒已成者能溃。但性缓，用须倍加，或用酒煮服，或捣汁搀酒炖饮，或研烂拌酒厚敷。若治瘰疬上部气分诸毒，用一两许时，常煎服，极效。"此外金银花还能用于解野菌毒。宋代张邦基的《墨庄漫录》中记载了这样一个故事：崇宁年间，平江府天平山白云寺的几位僧人在山上采了一丛野蘑菇煮食，至夜晚开始呕吐，其中三人立即采了新鲜的金银花服食，就好了。另外两个没吃金银花的最终呕吐至死。洪迈的《夷坚志》也有类似记载："中野菌者，急采鸳鸯草啖之，即今忍冬也。" 由于金银花具清热解毒，凉血、消肿和降血脂的作用，笔者把它与白菊花合用泡茶，起名"双花降脂茶"（图20-4），用于清热解毒、凉血解暑和降血脂。

图20-4　花馔：双花降脂茶

玫瑰

M E I

G U I

玫瑰

一树玫瑰夜点茶

"玫瑰玫瑰最娇美，玫瑰玫瑰最艳丽。长夏开在枝头上，玫瑰玫瑰我爱你。玫瑰玫瑰情意重，玫瑰玫瑰情意浓。长夏开在荆棘里，玫瑰玫瑰我爱你……"这首由陈歌辛作曲的《玫瑰玫瑰我爱你》，至今为止仍然是全世界最有影响力的中文歌曲，1951年因美国歌星弗兰基·莱恩的翻唱，在美国迅速走红，当年还登上了全美音乐流行排行榜的榜首。很多外国人通过这首歌曲了解了中国音乐，知道了中国。这首歌曲之所以在全世界有如此影响力，除了歌曲优美的旋律以外，同玫瑰花本身恐怕也不无关系。玫瑰花在全世界几乎都被认为象征着爱情。情人节送的最多的花就是"玫瑰"。（当然，情人节卖花姑娘卖的被称为"玫瑰"的只是一种月季花，笔者在下一篇文章里会谈谈它们间的区别。）

玫瑰是蔷薇科蔷薇属植物，学名：*Rosa rugosa*，是蔷薇属中的一个特殊种，因为它不像月季和蔷薇有那么多的栽培杂交种。它仅有红、白两色，和单瓣、重瓣的变化（图21-1至图21-3）。至于玫瑰花的起源至今已经很难追溯。有人认为，玫瑰花起源于中国，后传入欧洲。中国古代《诗经》中，已有"贻我佩玫"的记载。但也有文字考证，二千多年前，玫瑰已由中东传入欧洲。玫瑰是保加利亚的国花，保加利亚著名的"玫瑰谷"位于巴尔干山脉南麓的登萨河两岸，是一条长100多公里，宽15公里的狭长山谷，谷里种满玫瑰花。每年六月的第一个星期日为"玫瑰节"。人们身着民族服装，在玫瑰花的海洋中翩翩起舞，好客的主人们则向来往的宾客抛撒玫瑰花瓣，喷洒玫瑰花制成的香水。

图21-1　白玫瑰　　　　图21-2　单瓣红玫瑰

玫瑰最初是指美玉，因玫瑰花之宝贵故而也称之为"玫瑰"。明代王世懋《学圃馀疏》载："玫瑰非奇卉也。然色媚而香，甚旖旎。可食可佩，园林中宜多种。南海谚云，蛇珠千枚，不及玫瑰。玫瑰美珠也。今花中亦有玫瑰，盖贵之因以为名。"玫瑰花因其浓

图21-3　重瓣红玫瑰

郁之香气，常使赏花者爱花难舍、徘徊而观之，故古时也称"徘徊花"。如清代诗人赵怀玉词《浣溪沙·玫瑰花》："璚作肌肤麝作胎，徘徊花下几徘徊。满城丝雨近黄梅。色欲泥人还滴露，香如泛酒莫辞杯，佳人笑插鬓云堆。"唐代唐彦谦的诗《玫瑰》中，把玫瑰比作晨起盛装之宫女，又于暮雨中忧愁自己的命运，别有一番风味。诗曰："麝炷腾清燎，鲛纱覆绿蒙。宫妆临晓日，锦段落东风。无力春烟里，多愁暮雨中。不知何事意，深浅两般红。"杨万里的《红玫瑰》："非关月季姓名同，不与蔷薇谱牒通。接叶连枝千万绿，一花两色浅深红。风流各自胭脂格，雨露何私造化工。别有国香收不得，诗人薰入水沉中。"和徐夤的《玫瑰花》：

"芳菲移自越王台，最似蔷薇好并栽。浓艳尽怜胜彩绘，嘉名谁赠作玫瑰。春成锦绣风吹拆，天染琼瑶日照开。为报朱衣早邀客，莫教零落委苍苔。"以及明代陈淳诗句"清香疑紫玉，何必数蔷薇"都说明古人已经发现月季、蔷薇和玫瑰之间的关系，并能很好区分。

玫瑰花在古代常作为簪花而插于鬓边发际，不少诗词作品中可见类似描述。如清代沈缵的词《误佳期·玫瑰花》："曲槛徒惊春去，忽听卖花声腻。梦回酒醒嗅偏宜，香更无浓处。梳掠是天然，爱把新妆试。紫云轻压绿云边，越样添娇媚。"和陆震的《忆江南·咏玫瑰》："春来卉，堪爱独玫瑰。簪鬓放娇怜紫艳，伴糖津咽胜红蕤。枯润总香飞。"特别后者，不但描述了玫瑰作为簪花，更提到了它的食用。其制作和食用方法《群芳谱》有记载："采初开花，去其橐蕊并白色者。取纯紫花瓣捣成膏。白梅水浸少时，顺研，细布绞去澹汁。加白糖再研极匀。瓷器收贮任用，最香甜。亦可印作饼，晒干收用。"至今我们仍常可食到玫瑰花为馅的鲜花饼或月饼。至于玫瑰花点茶（或泡茶）也一直是国人食用玫瑰的一种常见方法。清代丘逢甲的《竹枝词》："新岁尝新已荐瓜，春风消息到儿家。绿磁正汲南坛水，一树玫瑰夜点茶。"已是很好说明。此外玫瑰也常用来做香袋，明代田汝成的《西湖游览志余》载："宋时，宫院多采之，杂脑炷以为香囊，氛氲袅袅不绝。"高濂的词《醉红妆·玫瑰》也提到了这一点。词曰："胭脂分影湿玻璃。香喷麝，色然犀。一般红韵百般奇。休错认，是蔷薇。绣囊佩剪更相宜。匀百和，藉人衣。把酒对花须尽醉，莫教醒眼，受花欺。”

玫瑰花入药有理气解郁、和血散瘀的作用，用于治疗：肝胃气痛，新久风痹，吐血衄血，月经不调等。《本草正义》云：“玫瑰花，香气最浓，清而不浊，和而不猛，柔肝醒胃，流气活血，宣通窒滞而绝无辛温刚燥之弊。”笔者这里介绍一款花馔：“玫瑰花虾仁豆腐”，也具理气解郁、和血散瘀之功效。制法也较简单，材料为：玫瑰花瓣20克，嫩豆腐一盒，虾仁30克，蘑菇10克，青豆5克；蘑菇切片，青豆煮熟，玫瑰花瓣先用水焯一下；然后所有食材加鸡汤共煮，用盐调味，煮熟即可（图21-4）。

图21-4　花馔玫瑰花虾仁豆腐

月

Y U E

季

J I

此花无日不春风

月季

如果说牡丹是花中之王，芍药为花中之相，那么只有月季才称得上名副其实的花中皇后。她艳丽而华实，娟秀而又不失风韵。更可贵的是她一年四季都开花。正如宋代诗人杨万里的七律《腊前月季》中所写的那样："只道花无十日红，此花无日不春风。一尖已剥胭脂笔，四破犹包翡翠茸。别有香超桃李外，更同梅斗雪霜中。折来喜作新年看，忘却今晨是季冬。"她既香超桃李，又如同梅花傲雪斗霜。其中"只道花无十日红，此花无日不春风"已成为赞美月季花之名句。

月季、玫瑰和蔷薇通常被称为"蔷薇园三姐妹"，她们都是蔷薇科蔷薇属植物。月季学名：*Rosa chinensis*，又名月月红、斗雪红，古代也称长春花。月季原产我国，在汉代已开始栽培，18世纪传入欧洲，目前全世界已有2万多栽培品种。其色系包含红、粉、黄、白、绿、紫等，变异大多为重瓣和半重瓣（图22-1

至图22-5）。我们现在称为"玫瑰花"的切花，实际上都是月季花，用专业术语严格地说，应该叫做"现代月季"，她是中国古代月季及蔷薇属内的不同种进行反复种间和种内杂交而形成的一个杂交种群。"蔷薇园三姐妹"之间的区分十分简单："玫瑰"为蔷薇属中的特定种，仅有紫红色，少数白色；一季开花；有浓烈的玫瑰香气；复叶具5～9片小叶，叶面皱折（见图21-2、图21-3）。月季和蔷薇叶面光滑不皱，无浓烈玫瑰香气。月季和蔷薇的区分：月季为四季开花，蔷薇是一季开花；月季复叶具3～5片小叶，而蔷薇具5～9片小叶。

据说拿破仑的妻子约瑟芬皇后特别喜爱月季花，她在巴黎市郊建了一个专门种植月季花的马尔梅森花园，并派人到各地采集月季花品种。为博取约瑟芬皇后的欢心，各国的外交使节和著名园艺师纷纷为她在世界各地

图22-1　淡黄色半重瓣月季

图22-2 红色重瓣月季

图22-3 黄色重瓣月季

图22-4 白色重瓣月季

图22-5　粉色重瓣月季

寻找名贵品种。一位英国人在中国为约瑟芬皇后找到了
四种名贵月季花：月月红、月月粉、彩晕香水月季和淡
黄香水月季。他们走水路从中国广州出发，经孟加拉湾
将其运往法国。当时英法两国正在交战。当英国人得知
有一艘携带中国月季花的轮船要通过英吉利海峡时，英
国的摄政王认为，不应让战争损坏月季，于是通知法国
并提议，为保证月季花顺利运往法国并完好地交给约瑟
芬皇后，双方暂时休战。后来，英国还专门派人护送该
轮船渡过海峡。中国的这四种名贵月季花运到法国后，
对法国、西欧乃至世界月季花品种的改良和新品种的培
育起到了至关重要的作用。1981年9月2日，英国皇家月
季协会会员、被誉为"月季夫人"的里·罗杰特来中国
考察访问时，指出：欧洲的月季过去只在仲夏季节开
花，而且花期短、抗病力弱，色香均不够理想。直到18

世纪，四株中国母本月季运到欧洲，与欧洲月季、蔷薇杂交后，培育出轰动世界的"杂交茶香月季"。这种月季生命力强，色香俱佳，花期长达半年以上。她再次强调了那四株令战争暂时中止的中国月季对世界月季花发展的重要贡献。并说："我们满怀感激的心情来到中国，我们要像穆斯林朝拜麦加一样到中国朝圣，因为中国是世界月季花的发源地。"

月季以其长开不败而得历代诗人的赞赏。如：明代诗人张新的七绝《月季花》："一番花信一番新，半属东风半属尘，惟有此花开不厌，一年长占四时春。"宋代韩琦的《东厅月季》："牡丹殊绝委春风，露菊萧悚怨晚丛，何似此花荣艳足，四时常放浅深红。"张耒的《月季》："月季祇应天上物，四时荣谢色常同。可怜摇落西风里，又放寒枝数点红。"都是类似的咏赞。而宋代徐积诗《长春花》则描写得更为生动："谁言造物无偏处，独遣春光住此中，叶里深藏雪外碧，枝头常借日边红。曾陪桃李开时雨，仍伴梧桐落后风，费尽主人歌与酒，不教闲却卖花翁。"由于月季的月月开花，多花了赏花者的诸多诗兴与美酒，又促成了多少卖花人的辛勤劳动。宋代舒亶的词《一落索》："叶底枝头红小，天然窈窕。后园桃李满成蹊，能占得春多少。不管雪消霜晓，朱颜长好。年年若许醉花间，待弃了花间老。"也同样以桃李为陪衬，歌颂了月季常开不败的风格。赵师侠词《朝中措·月季》对月季的描述则更为深刻、详尽："开随律琯度芳辰。鲜艳见天真。不比浮花浪蕊，天教月月常新。蔷薇颜色，玫瑰态度，宝相精神。休数岁时月季，仙家栏槛长春。"指出：月季花既有蔷薇的颜色，玫瑰花的态度，又具山茶花勇战严寒的精神。

月季花既可入药，又能入馔。李时珍《本草纲目》载："月季花处处人家多插之，气味甘温无毒，主治活血消肿。"月季花食用，以花瓣肥大、芳香者为佳。可以糖渍做馅，制成果酱，或阴干后浸酒、点茶。笔者在此介绍一款花馔"月季花双笋卷"（见图22-6）。选大而肥厚的月季花瓣10片，开水焯后挤干水分（浅色的香水月季花瓣口感较好，笔者为拍照的色泽效果，选用紫红色月季花）；芦笋尖20根，冬笋尖一个切丝；黄花

图22-6　花馔：月季花双笋卷

菜水发。用月季花瓣把芦笋和冬笋包成卷，用黄花菜系紧，放在盘中蒸熟即可。再用酱油、醋、麻油、辣油等调成酱料，喜欢芥末者，也可在酱料中加些芥末；花馔熟时趁热蘸酱料食。

该花馔月季花有活血祛瘀作用，芦笋中叶酸和硒的含量均较高，而冬笋中含大量膳食纤维，三者合用在活血祛瘀、养颜美容和抗衰老方面有较好效果。

QIANG

薔

薇

WEI

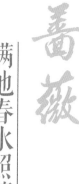

满池春水照蔷薇

"蔷薇蔷薇处处开，青春青春处处在，挡不住的春风吹进胸怀，蔷薇蔷薇处处开……"这首由陈歌辛作词作曲的歌曲《蔷薇蔷薇处处开》是中华联合影业公司摄制，1942年上映的电影《蔷薇处处开》的主题曲。如今已经很少有人还记得这部电影，但是这首主题曲由于邓丽君、朱逢博、李玲玉等人的翻唱，至今仍有广泛的流传。蔷薇花确实是处处可见，她和玫瑰、月季同属于蔷薇科蔷薇属。该属植物全世界约200种，我国有82种。蔷薇中最常见的是野蔷薇（*Rosa multiflora*）又称多花蔷薇，以及它的栽培变型七姐妹（*R. multiflora f. platyphylla*）（图23-1、图23-2）。

蔷薇《本草经》作墙蘼。李时珍曰："此草蔓柔靡依墙援而生故名墙蘼，其子成簇而生如营星然，故谓之营实。"蔷薇古时又名刺红、山棘、买笑等。据成书于元代的《贾氏说林》记载："汉武帝与丽娟看花，时

蔷薇初开，态若含笑。帝曰，此花绝胜佳人笑也。丽娟
戏曰，笑可买乎？帝曰可。丽娟遂取黄金百斤，作买笑
钱。奉帝为一日之欢。故蔷薇名买笑，自丽娟始。"据
说梁元帝酷爱蔷薇，《寰宇记》云："梁元帝竹林堂中
多种蔷薇。康家四出蔷薇，白马寺黑蔷薇，长沙千叶蔷
薇。并以长格校其上，花叶相连。其下有十间花屋，枝
叶交映，芬芳袭人。"还作《看摘蔷薇》一诗，描写宫
中乐女采摘蔷薇之情景："倡女倦春闺，迎风戏玉除。
近丛看影密，隔树望钗疏。横枝斜绾袖，嫩叶下牵裾。
墙高攀不及，花新摘未舒。莫疑插鬓少，分人犹有
余。"由此可见，蔷薇在汉代已经有栽培，而在南北
朝时期栽培蔷薇的品种已非常多。

图23-1　野蔷薇

图23-2　七姐妹

　　由于蔷薇花团锦簇、芳香浓烈，不少文人墨客喜以之为咏吟题材。如：清代张绷英词《满庭芳·蔷薇》："艳似调朱，娇如约粉，几枝袅娜迎风。嫣然带笑，颜色有谁同。粉蝶枝头时度，花影下积翠重重。苍苔畔，清池一曲，低照影溶溶。湘帘终日捲，曲阑干外，时透香浓。好相将携手，缓步芳丛。正对花前一醉，酒醒时两袖飞红。嬉游晚，一钩明月，掩映画桥东。"对蔷薇花的描述十分贴切，并且又刻画了一幅花前醉饮、嬉戏游玩以及花瓣飘落满袖的生动场景。而明代诗人高应冕的《蔷薇》："美人芳树下，笑语出蔷薇。细草软侵步，香风轻拂衣。情随游蝶去，意逐彩云飞。无限伤春思，花前未忍归。”则是一幅活脱脱的美人春游图。杜牧的《蔷薇》："朵朵精神叶叶柔，雨晴香拂醉人头。石家锦障依然在，闲倚狂风夜不收。" 及宋末金初诗人吴激的《宿湖城薄厅》："日迟风暖燕飞飞，古柳高槐面翠微。卷上疏帘无一事，满池春水照蔷薇。"都刻画了蔷薇花盛开时的壮观景象。由于蔷薇花期较长，以至元代诗人方夔有"一曲紫箫吹彻后，蔷薇几度老春风"名句的流传。而唐代牛峤对蔷薇的颂扬更提升到新的高度，认为她已经超过了梅花。其诗《红蔷薇》云："晓啼珠露浑无力，绣幕罗襦不著行。若缀寿阳公主额，六宫争肯学梅妆。"古人之爱蔷薇，更有把蔷薇看作夫人，或比喻为女眷者。如：白居易《戏题新栽蔷薇》："移根易地莫憔悴，野外庭前一种春。少府无妻春寂寞，花开将尔作夫人。"和明代诗人杨基《咏七姊妹花》："红罗斗结同心小，七蕊参差弄春晓。尽是东风儿女魂，蛾眉一样青螺扫。三姊娉婷四妹娇，绿窗虚度可怜宵。八姨秦国休相妒，肠断江东大小乔。"因蔷薇花朵繁密、花团锦簇，如锦被堆积而成，故又名"锦被堆"，十分形象、生动。如：宋代徐积七律《锦被堆》："春风萧索为谁张，日暖仍熏百和香。遮处好将罗作帐，衬来堪用玉作床。风吹乱展文君宅，月下还铺宋玉墙。好向谢家池上种，绿波深处盖鸳鸯。"和韩琦诗《锦被堆》："碎翦红绡间绿丛，风流疑在列仙宫。朝真更欲熏香去，争掷霓裳上宝笼。不管莺声向晓催，锦衾春晚尚成堆。香红若解知人意，睡取东君不放回。"

蔷薇花可入药、入馔，有消暑、和胃、止血之功能。赵学敏的《本草纲目拾遗》记载：野蔷薇花能治疗疟疾，用蔷薇花制作的蔷薇露有疏肝解郁作用。《群芳谱》也指出：蔷薇露能疗人心疾。除花外，蔷薇的果实和根也都可入药。蔷薇果入药称"营实"，有清热解毒之功效。《千金方》载：蔷薇根水煎服可治消渴多尿，即糖尿病。笔者这里介绍一款花馔"蔷薇三丝"，用七姐妹花的新鲜花瓣焯水后炒肉丝、竹笋丝和黑木耳丝（图23-3）。本花馔口感爽脆，略带蔷薇花香，具祛瘀、解郁和美容养颜作用。

图23-3　花馔：蔷薇三丝

石榴花

SHI LIU HUA

图24-1　石榴

石榴

五月榴花照眼明

　　国人从来喜欢红色，因为其象征着红红火火。由喜欢红色进而青睐榴花，石榴花的红色与其他花红色的区别点在于：石榴花的红色是真真正正的大红，而无丝毫的杂色。唐代诗人韩愈就有"五月榴花照眼明，枝间时见子初成"的诗句传世。确实，当石榴花盛开时，那满树的红花真能照得人眼花缭乱。而明代诗人徐渭诗句"石榴花发街欲焚，蟠枝屈朵皆崩云"则比喻得更为形象和生动：石榴花开时似乎整条街都在燃烧，而枝上的石榴花朵朵都像散落的红云。类似的诗词古代还有不少，如：元代张弘范的《榴花》："猩血谁教染绛囊，绿云堆里润生香。游蜂错认枝头火，忙驾熏风过短墙。"连蜜蜂都认错了石榴花，以为是树枝着火了，借着一阵香风飞出短墙而去。而唐代皮日休的七律《海石榴花盛发感而有寄》："一夜春光绽绛囊，碧油枝上面煌煌。风匀只似调红露，日暖唯忧化赤霜。火齐满枝烧夜月，金津含蕊滴朝阳。不知桂树知情否，无限同游阻陆郎。"对石榴花一夜盛开的感触刻画得淋漓尽致，其中"火齐满枝烧夜月，金津含蕊滴朝阳"两句，对石榴花的描述格外生动。国人喜爱石榴，除了其红红火火的颜色以外，还有很重要的一点是所谓"榴结百子"，象征着多子多福。于是乎，自古以来石榴的图案被广泛用于各种日用品和工艺品之中。据说石榴象征"多子多福"的说法起源于南北朝。据唐代文人李延寿的《北史·魏收传》记载说，北齐安德王高延宗纳赵郡李祖收的女儿为妃，一次延宗到李宅赴宴，王妃的母亲宋氏拿了两个石榴给延宗，延宗问了所有人都不知其意。延宗就把它们随手一丢。李祖收就说，石榴房中多子，王新婚，妃母欲子孙众多。延宗听后大喜，让李祖收把石榴拿回来，还赐给他锦缎二匹。

石榴为石榴科石榴属植物，学名：*Punica granatum*（图24-1）以，前称为安石榴，古代也有海石榴、丹若、若榴、金罂、涂林等名称。其实石榴并非中国原产，其原产地为中亚的伊朗、阿富汗等国。《广群芳谱》载："石榴一名丹若。本出涂林安石国，汉张骞使西域，得其种以归，故名安石榴。"唐代元稹《感石榴二十韵》诗："何年安石国，万里贡榴花；迢递河源道，因依汉使槎。"就记述了石榴传入中国之事。"安"和"石"其实是两个国家，安国即今乌兹别克斯坦的布哈拉一带，石国在塔什干一带。石榴科只有石榴一属两个种，中国有一个种，就是"石榴"。但是其栽培品种不少，仅我国就有300多个。除了花瓣有单瓣（图24-2）和重瓣（图24-3）之外，颜色也有白色、黄色等。

石榴花的汁可以用来染裙子，即所谓的"石榴裙"。历代诗人作品中有很多提及石榴裙。如唐

图24-2 单瓣石榴花

代诗人杜审言诗句"红粉青蛾映楚云，桃花马上石榴裙"、卢象诗句"少妇石榴裙，新妆白玉面"等。而宋代诗人张先的《浣溪沙》词："轻屧来时不破尘。石榴花映石榴裙。有情应得撞腮春。夜短更难留远梦，日高何计学行云。树深莺过静无人。"则勾画了一幅"少女穿着石榴裙迈着轻盈的步履来到石榴花旁与石榴花相互映辉"的画面。唐代欧阳炯写了一首词《贺明朝》，十分生动地描述了一个少女回忆与心上人相见的害羞场面（当然也是穿着石榴裙），并希望恋人最好也能像春燕一样飞来玉楼与她朝夕相见。词云："忆昔花间初识面，红袖半遮妆脸。轻转石榴裙带，故将纤纤玉指，偷捻双凤金线。碧梧桐锁深深院，谁料得两情，何日教缱绻？羡春来双燕，飞到玉楼，朝暮相见。"而苏东坡的五绝《石榴》："风流意不尽，独自送残芳。色作裙腰染，名随酒盏狂。"则更有一种洒脱的感觉。由于石榴花红得娇艳夺目，中国古代民间女子也喜欢把它插在云

图24-3 重瓣石榴花

鬓。清代毛奇龄的一首《浣溪沙》描述了这种情景：
"娇女新妆村艳浓。四枝鬓插石榴红。出门还怕隔溪
风。石镜暗飞山后鹊，荻屏销画水边荭。西施台馆碧波
中。"写得十分可爱有趣：鬓插四朵石榴花，出门还怕
被风吹落。

石榴的花和果皮可入药、入馔，历代文献中也多有
记载。石榴花性平，味酸、涩；具凉血、止血、祛瘀止
痛之功能；可主治衄血、吐血、外伤出血，月经不调，
白带，血崩及中耳炎等。李时珍《本草纲目》载：榴花
阴干为末，和铁丹服，一年变白发如漆。千叶者，治心
热吐血。又研末吹鼻止衄血立效。石榴花还可酿酒，石
榴花酿酒也很早就有记载，如宋代祝穆《方舆胜览》
载："崖州妇人以安石榴花著釜中，经旬即成酒，其味

香美。"南梁时萧绎的《咏石榴》诗中也有"西域移根至，南方酿酒来"的诗句。据科学研究证明石榴有较强的抗氧化作用和抑制癌细胞的功效。笔者这里介绍一款花馔"榴花狮子头"。制法也很简单：因为石榴花主要部分是它的花萼（花瓣薄而轻，而花萼厚而肉质），花萼的口感较酸涩，因此入馔前必须把榴花煮一段时间，再在清水中漂浸，而后挤干水分。再把它和瘦猪肉共剁，加入黄酒和盐调味，拌入水淀粉，做成较大型的肉丸；入油锅中炸至焦黄色。以防炸得不透，临吃前再用少量水煮熟装盘，旁边再摆几棵清水中稍煮后捞出的青菜做衬托（图24-4）。

本花馔有凉血、止血和祛瘀生新的功效。

图24-4　花馔：榴花狮子头

秋海棠

QIU HAI TANG

西风又瘦断肠花

　　不知为何每当看到秋海棠就会有一种悲伤、凄凉的感觉。也许是因为它开在秋天，或者更甚至是名字中带着"秋"字。它不像春天的海棠花那样，有如亭亭玉立的明朗少女，展开双臂，拥抱、亲吻着每一阵路过的春风。秋海棠却是那样的瘦小、那样的赢弱，羞涩地躲在墙角。难怪古人称它为断肠花，以寄托对亲人的思念之情。我看到秋海棠的这种伤感，还与秦瘦鸥的悲情小说《秋海棠》有一定关系。因为每当看到秋海棠花，我会自然而然地想起那位因爱上军阀姨太太而最终导致毁容的艺名"秋海棠"的京剧青衣。据说秦瘦鸥先生的这部小说是建立在真实事件的基础上。上个世纪30年代，上海舞台上有两位青年京剧演员，一个叫刘汉臣，一个叫高占魁。两人扮相英俊潇洒，很受戏迷们喜爱。在一次演出中，刘汉臣与奉系军阀褚玉璞的姨太太产生了相互爱慕之情，两人私下往来。褚玉璞发觉后，下令将刘汉臣、高占魁逮捕，并且枪杀了刘汉臣。尽管京剧大师梅兰芳通过张学良去说情，但还是未能挽救刘汉臣的性命。几年后，秦瘦鸥先生便创作了小说《秋海棠》。小说中的秋海棠是青年京剧青衣吴玉琴的艺名。他之所以取此艺名，一部分原因也是出于爱国。当时的中国地图有点像秋海棠略带偏斜的叶子，而当时他看到的秋海棠叶子边缘正有毛毛虫在啃食。他觉得当时的中国正像这张秋海棠叶子，毛毛虫就犹如侵蚀中国的帝国主义列强。秦先生的这部小说曾被称为"民国第一言情小说"和"旧中国第一悲剧"。

秋海棠为秋海棠科秋海棠属植物，学名：*Begonia evansiana*（图25-1）。除此种外，秋海棠属植物中常见的还有竹节秋海棠（*B. maculata*）（图25-2）和丽格秋海棠（*B. mannii*）（图25-3）。

图25-1 秋海棠

图25-2　竹节秋海棠

　　历代文人对秋海棠的咏吟，大多着墨于它的"断肠花"的别名。如清代诗人林天龄的《浣溪沙·白秋海棠》："屋角秋阳带月遮，粉香微浣泪痕斜。些些风韵似儿家。一点檀心低映雪，三分酒晕不侵霞。西风又瘦断肠花。"要注意的是，"断肠花"是秋海棠的别名，不是有毒的"断肠草"。断肠草是马钱科的藤本植物，有剧毒。而秋海棠不但无毒，而且可食。它的"断肠"之意为"相思想断肠"。类似的诗词还有很多，如：清代尤侗的词《点绛唇·秋海棠》："空谷佳人，淡红衫子天然艳。风清露浅。脉脉凝睇眼。恰似伤秋，倚徙湖山遍。怜谁伴。重帘不捲。有个人肠断。"把秋海棠比喻为身穿淡红衣衫的空谷佳人，脉脉含泪在思念远方的亲人。董元恺的词《眼儿媚·秋海棠》也甚为类

图25-3 丽格秋海棠

似："一帘花色写秋容。低映碧窗红。胭脂冷落，似颦无语，欲笑还慵。断肠心事谁承问，旖旎不禁风。泪痕染遍，亭亭倩影，点点芳丛。"而明代诗人纪坤的七绝《钱尚宝家秋海棠》："剪剪秋风一断肠，美人无力怯新凉。十分春色胭脂晕，记得前身是海棠。"则相对比前几首词略见乐观，认为秋海棠的前身是海棠花，至少它在春天已有风光的过去。清代文学家袁枚的七绝《秋海棠》："小朵娇红窈窕姿，独含秋气发花迟。暗中自有清香在，不是幽人不得知。"则完全从正面歌颂了秋海棠，认为只有真正的文人雅士才懂得欣赏秋海棠。

秋海棠叶和花都能入药、入馔。味酸，性寒，具凉血止血，散瘀和利水、清热作用。冒辟疆在《影梅庵忆语》中说董小宛善制各种花露，其中最美味的要数秋海棠露。甚至梅花、桂花和玫瑰等都不能与其相比。他写道："余饮食最少，而嗜香甜及海错风黛之味，又不甚自食，每喜与宾客共赏之。姬知余意，竭其美洁，出佐盘盂，种种不可悉记，随手数则，可睹一斑也。酿饴为露，和以盐梅，凡有色香花蕊，皆于初放时采渍之。经年香味、颜色不变，红鲜如摘，而花汁融液露中，入口喷鼻，奇香异艳，非复恒有。最娇者为秋海棠露。海棠无香，此独露凝香发。又俗名断肠草，以为不食，而味美独冠诸花。"巴西人还常用秋海棠作为退热利尿药来治疗感冒。法国人喜欢用秋海棠的叶和花，与鱼同烧或做汤。笔者这里介绍一款花馔："秋海棠沙拉"。制法很简单：采集秋海棠的叶和花，先在沸水中略焯片刻，捞出盛盘，拌上沙拉酱即可（图25-4）。

本花馔酸爽可口，具清热凉血功效。

图25-4　秋海棠沙拉

槐花

HUAI

HUA

槐花

绿槐庭院锁薰风

　　我一直忘不了洋槐花的那种清香，由于洋槐树一般都很高大，花又开在枝端，在地上的人有时较难闻到。但是在黄淮地区洋槐常常成片种植，而且开花时又成串往下挂，有风吹过，人们还是照样能闻到阵阵花香。我特别欣赏的就是那种若有若无的感觉。洋槐其实并不是槐树，也并非中国原产，它的学名叫刺槐（*Robinia pseudoacacia*）（图26-1），是豆科刺槐属植物。原产北美洲，19世纪末引入中国，在北方被广泛种植。由于洋槐是一种极好的蜜源植物，并且其花是华北地区老百姓很常用的花馔食材，因此洋槐在北方是很受欢迎的树种，老百姓统称洋槐的花为"槐花"。洋槐的花可以炒菜、煮汤、和干面粉拌匀共蒸，以及稍加盐渍后作为制作包子、饺子的馅料。笔者在青岛曾多次品尝过槐花包子、槐花饺子和洋槐花所做的菜。在此，笔者介绍一款洋槐花最简单的花馔"洋槐花煎蛋"（图26-2）。选

图26-1　刺槐花

洋槐花50克，洗净，在开水中焯后、沥干水分；鸡蛋3
个，打匀，加少量盐、料酒和葱花，再拌入洋槐花；锅
中油热时，把洋槐花拌的鸡蛋倒入锅中，煎熟即可。本
花馔有健胃，润肺，止咳，抗衰老等功效。

　　我们平时所说的槐花实际上是两种槐树的花，一种
是上述刺槐（洋槐）的花，用于入馔。而另一种才是真
正的槐，我们也可把它称为国槐，是豆科槐属植物，拉
丁学名：*Sophora japonica*，它是我国原产（图26-3）。
《康熙字典》注："槐之言怀也。怀来远人於此，欲与
之谋。"所以槐树也有"怀念"的意思，借"怀"声表
示游子怀念故里。山西洪洞县大槐树寻根祭祖活动应该
也来源于此意。

　　国槐的花虽然较少入馔，但其花和果实却都是重
要的中药，具凉血止血，清肝泻火之功效。国槐的花蕾
中药称为槐米，果实称为槐角。槐米中有效成分"芸香

图26-2 花馔：洋槐花煎蛋

图26-3 槐花

苷"的含量很高，它能增加毛细血管的通透性，防止动脉硬化，预防心脑血管疾病，抗氧化和抗衰老作用。槐花和槐角的延年益寿功效在古代文献中就有较多记载。《淮南子》云："槐之生也季春。五日而兔目，十日而鼠耳，更旬而始规，二旬而叶成。味苦平无毒。久服明目益气，乌须固齿催生。"《抱朴子》曰："槐子服之补脑，令人发不白而长生。"《普济方》记载："槐子去皮装入牛胆，阴干，取槐子，每晨服一粒，可延年黑发，齿落更生。"《太清草木方》中认为，在二十八星宿中，槐为"虚星之精"，若于每年十月上巳日采子服，能去百病，长生通神。

槐树古称为玉树，汉宫王室多喜植之，如刘禹锡《嘉话》云："云阳县界多汉离宫故地，有槐而叶细，土人谓之玉树。"由于槐树枝干挺拔，迎风起舞时，真有一股高贵而潇洒之气，故古人常用"玉树临风"来形容潇洒而不脱高贵气质之人。如杜甫《饮中八仙歌》描述的崔宗之："宗之潇洒美少年，举觞白眼望青天，皎如玉树临风前。"科举制度时代，进士赴举之日，多在槐花方萌之时，故当时有"槐花黄，举子忙"之说。同时很多诗人也借"咏槐"而发泄对科举制度的不满。如：唐代郑谷的七绝《槐花》："毵毵金蕊扑晴空，举子魂惊落照中。今日老郎犹有恨，昔年相谴十秋风。"罗邺的七律《槐花》："行宫门外陌铜驼，两畔分栽此最多。欲到清秋近时节，争开金蕊向关河。层楼寄恨飘珠箔，骏马怜香撼玉珂。愁杀江湖随计者，年年为尔剩奔波。"据《全唐诗》"罗邺传"载，其在迫赐进士之前"累举进士不第"。元代元好问诗《伦镇道中见槐花》："名场奔走兢官荣，一纸陈书误半生。笑向槐花问前事，为君忙了竟何成。"也陈述了类似意思。元代郑氏允端的《庭槐》则很有意思："风转庭槐拂槛开，绿阴如染净无埃。妇人不作功名梦，闲看南柯蚁往来。"借用"南柯一梦"来影射追逐功名者。"南柯一梦"始见于《异闻录》，云："淳于梦家广陵郡，宅南有大古槐，枝干条密，梦与群豪大饮其下。贞元七年，因沉醉致疾。二友扶之归，卧梦二使，曰槐安国王奉邀。梦随二使指古槐驱入，穴中题曰大槐安国。入见，王妻以次女瑶芳，号金枝。公主有群女，曰华阳姑青溪姑上仙子下仙子辈，皆侍从。命守南柯郡。梦至郡二十余年，使者送出穴，遂寤。斜日未隐于西垣，余尊尚湛于东牖，梦中倏忽若度一世矣。因与客寻槐下穴洞，然明朗可容一榻。有二大蚁，素翼朱首，长可二寸，乃槐安王。又穷一穴，直上南枝，即南柯郡也。" 清代诗人梁清标词《玉楼春·送春》："花飞南陌东风暮。肠断王孙芳草路。绿槐影里雨初晴，黄鸟声中春暗去。乱山叠叠看无数。故国遥遮云外树。一年佳景等闲抛，好梦欲寻无觅处。"也借写景之名，暗含"应举不成，寻梦无果"的心情。在描写槐树的历代诗词中，也有单纯写景的，如：宋代吴儆诗句"绿槐庭院锁薰风，双双乳燕穿帘栊"，梅尧臣的"汉家宫殿荫长槐，嫩色葱葱不染埃"，唐代朱庆余诗"绿槐花堕御沟边，步出都门雨后天。日暮野人耕种罢，烽楼原上一条烟"等。而清代世续的七绝《定静堂秋雨》："绿槐庭院最清寥，小卧诗床俗韵消。淅淅声喧惊午梦，隔窗冷雨打芭蕉。"和纳兰性德的词《点绛唇》："小院新凉，晚来顿觉罗衫薄。不成孤酌，形影空酬酢。萧寺怜君，别绪应萧索。西风恶，夕阳吹角，一阵槐花落。"则借着描述萧索西风和淅淅秋雨来抒发自己的孤单、悲观的心情。

芭蕉花

金茎露滴芭蕉花

可能是因为在广西工作了多年的缘故，我对芭蕉有一种特殊的亲切感。无论是一座小楼或是一个庭院，只要种植几棵芭蕉似乎立即显得高贵了不少，会有赏心悦目的感觉，同时也是一种美的享受。由于当年工作的性质，我常常要下乡和进山，有时还住在山民的家里。靠山吃山，靠水吃水，所以笔者当时也没少品尝作为广西山区人民较常吃的野菜——芭蕉花。芭蕉为单性花，花序的前部是雄花，后部是雌花。作为野菜，吃的是它们的雌花，实际上也可以说是幼嫩的小芭蕉。芭蕉花口感比较涩嘴，所以吃的时候常常先把它煮透，再挤干水分。广西山区人民通常把它与辣椒同炒，以掩盖其涩味。有时还放少量腊肉，又香又辣倒也十分可口。

芭蕉（*Musa basjoo*）（图27-1）和香蕉（*M. nana*）都属于芭蕉科芭蕉属植物。全世界有芭蕉属植物40余种，中国约10种，主要分布于热带和亚热带地区。芭蕉

图27-1　芭蕉花

的园林种植可以追溯到汉代，但当时的栽种还较少见。一直到唐代以后，芭蕉在园林中的种植才逐渐普及，尤其宋明清，芭蕉已经成为园林中的重要植物，并形成一定的园林种植规模和造景模式。芭蕉属植物有时雌、雄花之间的花序轴会变得很长。笔者在美国国家植物园的温室中曾见到一株芭蕉，其雌、雄花之间总花序轴长达几米（图27-2）。我不清楚其总花序轴的长度是否与该植物的年龄有关。

芭蕉因为叶子宽大，所以古代文人常常在上面题诗。清代文学家李渔说，蕉叶题诗可随书随换，日变数题，有时不烦自洗，雨师代拭者，此天授名笺。因诗曰："万花题遍示无私，费尽春来笔墨资。独喜芭蕉容我俭，自舒晴叶待题诗。" 唐代诗人韦应物的七绝《闲居寄诸弟》："秋草生庭白露时，故园诸弟益相思。尽日高斋无一事，芭蕉叶上独题诗。" 元代周砥诗《渔庄款歌》："傍水芙蓉未著霜，看花酌酒坐渔庄。花边折得芭蕉叶，醉写新词一两行。"都是证明。元末明初诗人顾瑛的《湖光山色楼口占》："紫茸香浮蘐蕾树，金茎露滴芭蕉花。幽人倚树看过雨，山童隔竹煮新茶。"则描绘了一幅乡村风情画。历代诗词作品中的芭蕉还常与忧愁和相思分不开，芭蕉始出之卷叶犹如美人未展之芳心。而一叶始展，其内另一卷叶又生，又好像抽不尽的相思。清代郑板桥的《芭蕉》一诗就有生动的描述："芭蕉叶叶为多情，一叶才舒一叶生。自是相思抽不尽，却教风雨怨秋声。"类似的诗还见唐代钱珝的《未展芭蕉》："冷烛无烟绿蜡干，芳心犹卷怯春寒。一缄书札藏何事，会被东风暗拆看。"以十分生动的笔墨比喻未展的芭蕉叶似乎少女在掩藏写在上面的情书，谁知东风吹来，蕉叶展开，好像"偷拆少女的情书看"一般。此外古人也常常借用雨打在芭蕉叶上的嗒嗒之声，来抒发心中的思愁。如李清照《采桑子》："窗前谁种芭蕉树，阴满中庭，叶叶心心，舒卷余光分外

图27-2　总花序轴极长的芭蕉

179

清。伤心枕上三更雨，点滴霖霪，似唤愁人，独拥寒衾不惯听。"和朱淑真的两首七绝《秋夜闻雨》："似篾身材无事瘦，如丝肠肚怎禁愁。鸣窗更听芭蕉雨，一叶中藏万斛愁。"《闷怀》："秋雨沉沉滴夜长，梦难成处转凄凉。芭蕉叶上梧桐里，点点声声有断肠。"都表达了类似的情怀。清代蒋坦的《秋灯琐忆》里记载了一件他和爱妻关瑛（即秋芙）间的趣事："秋芙所种芭蕉，已叶大成阴，荫蔽帘幕。秋来雨风滴沥，枕上闻之，心与之碎。一日，余戏题断句叶上云：'是谁多事种芭蕉，早也潇潇，晚也潇潇。'明日见叶上续书数行云：'是君心绪太无聊，种了芭蕉，又怨芭蕉。'字画柔媚，此秋芙戏笔也，然余于此，悟入正复不浅。"因此也有不少诗人与秋芙同感，认为愁绪与"雨打芭蕉"无关，即使你移去芭蕉，同样有可能会把愁绪寄托在"雨打梧桐"上。如宋代方岳的《芭蕉》："自是愁人愁不消，非干雨里听芭蕉。芭蕉易去愁难去，移向梧桐转寂寥。"而宋代诗人杨万里则认为如果抛开个人的忧愁，细听雨中的芭蕉声，还正如一曲欢快的丝竹乡音。其情景使笔者不禁想起那熟悉的广东音乐《雨打芭蕉》的旋律。杨万里的《芭蕉雨》云："芭蕉得雨便欣然，终夜作声清更妍。细声巧学蝇触纸，大声铿若山落泉。三点五点俱可听，万籁不生秋夕静。芭蕉自喜人自愁，西风收却雨即休。"

芭蕉花可入药、入馔。入药有软坚化痰、平肝熄风和散瘀通经之功效。蕉花入馔古诗中也有记载。如宋代刘弇的《莆田杂诗》中就有"荔子绡囊搐，蕉花玉糁骈"的描述。笔者在此介绍一款花馔"蕉花酸菜鱼"。因芭蕉花涩味较重，故也选择口味较重的食材与其相配。用黑鱼片300克，酸菜100克，芭蕉花30克，红尖辣椒30克，朝天泡椒10克。芭蕉花先焯水后，挤干水分；锅中油热时，把芭蕉花、辣椒和酸菜先煸炒，然后加水熬煮；食材熬出味后，再放入黑鱼片共煮（图27-3）。

　　本花馔有软坚化湿、平肝熄风和祛瘀生新作用。

图27-3　花馔：蕉花酸菜鱼

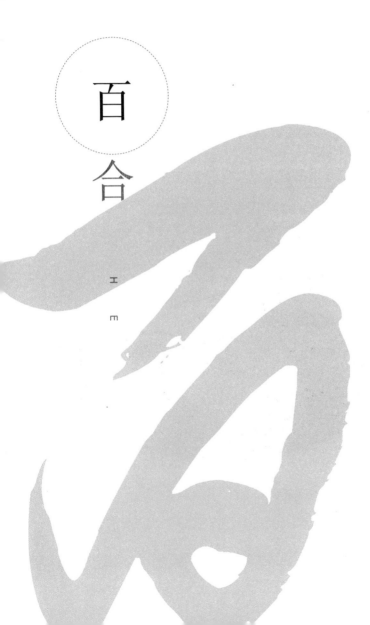

B

A

I

百

合

H

E

百合

吹作人间百合香

图28-1　野百合

　　国人喜欢百合花，除了它的花大而美丽之外，一个很重要的原因恐怕就是它的名字。百合、百合，有百年好合之意。由于所学专业的缘故，笔者年轻时经常到野外采集植物标本。每当在山里看到盛开的野百合（图28-1），就会无比的兴奋，它那怒放的花朵迎风摇摆，犹如向人们展示其美丽的容颜和苗条的身材。要挖到它的鳞茎，还必须要下一番苦功，因为野生百合通常地下有一段很长的根茎，然后才是它的鳞茎。百合花在全世界都被认为是纯洁无瑕或者吉祥如意的象征。在罗马的传说中，百合是婚姻与家庭的守护神朱诺的乳汁洒落在地上而产生的，而在《圣经》里则记载百合花是由夏娃的眼泪所变成。所以西方人都认为，百合花是一种没有邪念的圣洁之花。在婚礼上，在复活节和圣诞节，人们都喜欢用百合花做装饰。

百合为百合科百合属植物，学名：*Lilium brownii var. viridulum*。百合属植物全世界近100种，中国约40种。考古化石研究证明，百合类植物起源于北极圈附近的岛屿。随着地球气候变冷逐渐南移。现今百合原产的自然分布区为亚洲、欧洲和北美洲。百合在全世界鲜切花卉中有着十分重要的地位，世界各地几乎都有百合切花供应。特别是荷兰、法国、智利、新西兰、美国、中国和韩国等。在荷兰球根花卉生产中，百合名列第二位（第一位是郁金香）。在百合切花中产量最大的为白色百合（图28-2）和香水百合（图28-3）。其他相对较少，如：黄色百合花（图28-4）等。

我国最早记载百合的是汉代医药家张仲景，在他的《金匮要略》"百合病篇"中，详细讲述了百合的药用价值。公元7世纪，南北朝后梁宣帝萧詧的咏百合诗："接叶有多种，开花无异色。含露或低垂，从风时偃仰。甘菊愧仙方，丛兰谢芳馥。"描述百合距今也已经有1300多年了。宋代以后出现了不少颂吟百合花的诗文作品，如：宋代陈岩的七绝《香林峰》："几许山花照夕阳，不栽不植自芬芳。林梢一点风微起，吹作人间百合香。"韩维的五律《百合花》："真葩固自异，美艳照华馆。叶间鹅翅黄，蕊极银丝满。并蒂虽可佳，幽根独无伴。才思羡游蜂，低飞时款款。"明代的释今严写了好些首百合诗及序，可谓是十分了解百合之人。其百合诗序曰："百合花，卉本之清标者也。予昔在广，于友人亭榭间见之，云致自罗浮百花涧中。丙申入庐山

图28-2 白色百合

图28-3 香水百合

栖贤谷，破寺茅斋，蓬蒿没人，荒陂石壁间，兹花殊
夥。折之瓶盂，把玩朝夕，得其性情，明其分量，委其
标致。夫其敷于炎夏，荣于酷暑，则其刚方也；榛芜错
之，翘然独秀，则其孤往也；静夜而芳烈，沉阴而洁
鲜，则其冥行也；色悴于日中，气敛于景侧，则其知时

图28-4 · 黄色百合

也。若夫名未通于三百，芳不着于楚辞，愚谓见遗夫古
人，而不知善藏其用也。噫，一物之微，有足多者，
感而赋之，贻诸同好焉。"分析了百合的性格，即：
"刚方、孤往、冥行、知时"，真可谓入木三分。其百
合诗，笔者摘录二首于此供读者欣赏。其一："石壁西
边古涧东，绿陂浓荫隐香风。孤根寄去一丘外，素蕊开
时六月中。嘒嘒晚蝉山寂寞，泠泠疏磬月朦胧。闲心此
际分明极，玉质幽香迥不同。"其三："暗香浮动又斜
晖，几度临风入素闱。名士握来当玉麈，仙人携去绽云
衣。木兰形似神偏瘦，杜若芳同体较肥。相对每宜人定
后，夜钟微月屡开扉。"每一首诗都是如此的优美，比
喻又是如此的贴切。如"百合诗其三"形容百合花：名
士可用来当拂尘，仙人可拿去缝云衣；外形像木兰但神

韵偏瘦，香气同杜若（一种芳香植物）但形体较肥。释今严者，真乃百合之知音也。明代还有几位诗人写过与百合有关的诗。如：何巩道的《百合花》："疏帘草绿意方闲，偶得名花坐对间。清似高人还静女，逸如秋水与春山。珊瑚低挂摇冰茧，蝴蝶双飞弄玉环。倚醉夜深香冉冉，不知明月照柴关。"和释函是诗"花以无名胜有名，野林僻径称山情。微风度水香宜远，高日眠云梦不成。遁世岂矜尘外见，近人最是热中清。折来未必供幽赏，独忆当年溪上行。"也都是其中的佼佼者。

百合鳞茎和花都可入药、入馔。鳞茎为常用中药，有养阴润肺、补中益气和清心安神之功效。百合鳞茎入馔已经非常普遍了，特别是兰州百合，其食用价值早已著称于世。甘肃《平凉县志》中有食用百合的记载，迄今已有450多年的历史。百合花入药也有滋阴润肺、清心安神的作用。《本草正义》云："百合之花，夜合朝开，以治肝火上浮，夜不成寐，甚有捷效，不仅取其夜合之意，盖甘凉泄降，固有以靖浮阻而清虚火也。"李时珍的《本草纲目》还记载：百合花晒干、研末，调菜油，外用治疗小儿天泡湿疮，效果很好。百合花入馔，古代也有记载。如：宋代董嗣杲七律《百合花》就有"山厨樱笋同时荐，不似花心瓣瓣香"的诗句。笔者在此介绍一款"百合花冰糖炖雪梨"（图28-5），既是花馔，也可说是一道药膳。制作很简单：取白色百合花一朵，去蕊洗净；雪梨一个洗后切块；冰糖50克；共放入碗中炖40分钟即可。本花馔有润肺止咳、清心安神之功效。百合花做其他花馔时，必须沸水煮后、清水漂洗，再挤干水分才可用。

图28-5　花馔：百合花冰糖炖雪梨

木槿花

木槿花

槿艳繁花满树红

　　小时候读过一本张爱玲的中篇小说，其中有一段描写给我留下了非常深刻的印象。她说："木槿花是南洋种，充满了热带森林中的回忆——回忆里有眼睛亮晶晶的黑色的怪兽，也有半开化的人们的爱。"那种丰富的想象力和高端的拟人化手法实在令人钦佩。其实木槿花原产于中国。古称蕣（舜）、椴（白花者）、榇（红花者）、又名日及，《庄子》称其为"朝菌"。《诗经·郑风》中就有"有女同车，颜如舜华。有女同行，颜如舜英"之句。其中舜华和舜英指的就是木槿花。晋代潘尼《朝菌赋序》云："朝菌者盖朝华而暮落，世谓之木槿，或谓之日及。诗人以为舜华，庄周以为朝菌。其物向晨而结，建明而布，见阳而盛，终日而殒，不亦异乎。何名之多也。"可见木槿在我国的栽培至少有3000年的历史。

　　木槿为锦葵科木槿属植物，学名 *Hibiscus syriacus*，与我以前介绍过的木芙蓉属于同一个属。通常所见的有单瓣、半重瓣和重瓣品种，色系从近白色、红色到蓝紫色（图29-1至图29-4）。

除上述古称外，《广群芳谱》指出木槿又名朱槿、赤槿和朝开暮落花。历代有很多诗人纠结于木槿花的朝开暮落。有为其惋惜的，也有为其赞颂的。正如晋代苏彦《舜华诗序》所言："其为花也，色甚鲜丽。迎晨而荣，日中则衰，至夕而零。庄周载朝菌不知晦朔，况此朝不及夕者乎。苟映采于一朝，耀颖于当时，焉识夭寿之所在哉。余既玩其葩而叹其荣不终日。"而李白的五律《咏槿》："园花笑芳年，池草艳春色。犹不如槿花，婵娟玉阶侧。芬荣何夭促，零落在瞬息。且若琼树枝，终岁长翕赩。"和杨万里的七律《木槿》："夹路疏篱锦作堆，朝开暮落复朝开。抽苞粗妆轻拖糁，近蒂胭脂酽抹腮。占破半年犹道少，何曾一日不芳来。花中却是渠长命，换旧添新底用催。"反而认为木槿花的"朝开暮落"正是它长

图29-1　淡紫色单瓣木槿　图29-2　蓝紫色单瓣木槿

图29-3 红色重瓣木槿

图29-4 淡红色半重瓣木槿

命之处，是新陈代谢的体现。同样对其赞誉的还有唐代崔道融的《槿花》："槿花不见夕，一日一回新。东风吹桃李，须到明年春。"和杨凌的《咏槿花》："群玉开双槿，丹荣对绛纱。含烟疑出火，隔雨怪舒霞。向晚争辞蕊，迎朝斗发花。非关后桃李，为欲继年华。"宋代诗人虞俦的七绝《槿花》："翠袖红裳细锦袍，纷纷儿女斗妖娆。千枝万朵遮人眼，谁觉荣枯在一朝。"则明确指出当满树木槿盛开时，又有谁会注意到它的朝夕荣枯呢？类似意思的还有唐代李绅的七绝《朱槿花》："瘴烟长暖无霜雪，槿艳繁花满树红。每叹芳菲四时厌，不知开落有春风。"和宋代程敏政的《饮王氏园亭》："鸡犬深深曲径通，意行何必问西东。井亭杨柳交加处，木槿花开一树红。"也有少数诗人借木槿花抒发出一种悲观的思绪。如清代叶申芗词《清平乐·木槿》："紫英琼萼，名向蓓经托。比似红颜多命薄，休怨朝开暮落。花奴羯鼓无双，唐宫夏日初长。曾傍研光绡帽，舞残一曲山香。"

木槿的叶子含较多的皂苷和黏液类成分，故其浸出液自古以来被用来洗发，洗后头发柔顺光亮。

木槿入药入馔历代也有不少记载。入药具清热燥湿、凉血止血和止咳之功效。唐代昝殷的《食医心鉴》收有"焦木槿花方"，即："木槿花一斤，以少豉汁和椒盐葱白煮令熟，空腹食之。治五痔下血不止。"《广群芳谱》云："湖南北多植为篱障。花与枝两用。皮及根甘平滑无毒，做饮服，令人能睡。花，做汤饮，治风皮，治疮癣。川中者色红，气厚力优，尤效。"南北朝时期贾思勰的《齐民要术》记载："平兴县有华树，似堇，又似桑。四时常有花，可食，甜滑，无子，此舜木也。"清代的《外国图》记载："君子之国多木槿之花，人民食之。"夏曾传的《随园食单补证》也收载："木槿花去心蒂，肉汤煮甚佳。闽人以为常饵。土名会生花。"木槿花在南方的一些地区，至今仍然是山区人民常用的鲜花食材。因煮熟的木槿花爽滑适口，如鲜嫩的豆腐。所以也有人把它叫作"豆腐花"。福建人也喜将木槿花拌入面粉、葱花，下油锅炸透，食时松脆可口。笔者在此介绍一款花馔"木槿花春笋荠菜羹"（图29-5）。取木槿花瓣10克洗净、焯水，沥干水分；荠菜50克，洗净，剁成茸；春笋30克，切成小丁；锅中放少量油，先把荠菜和笋丁略煸炒一下，加水共煮；汤滚时调入水淀粉煮羹，加盐和胡椒粉调味；羹成时再放入木槿花瓣，滴入数滴麻油即可。

　　本花馔具清热燥湿、凉血止血和护肤美容的功效。

图29-5　木槿花春笋荠菜羹

蜀葵花

戎葵花色耀深浓

　　蜀葵为锦葵科蜀葵属植物，学名：*Althaea rosea*。该属植物全世界约40多种，我国3种。蜀葵因原产四川等地而得名。古时又称戎葵、胡葵和一丈红等。成书于2300多年前的《尔雅》中就提到有戎葵的名字。晋代崔豹《古今注》中云："荆葵又名戎葵、蜀葵、芘芣，花似木槿，而光色夺目，有红、有紫、有青、有白、有赤，茎叶不殊，但花色各异。"这大概是对蜀葵最早的记载。其中特别有意义的一点，1600多年前的人已经注意到了：蜀葵的茎叶没有变化，而花有各种不同的颜色。至清代，陈淏子在《花镜》中描写得更为详细："蜀葵，阳草也。一名戎葵，一名卫足葵，言其倾叶向日，不令照其根也。来自西蜀，今皆有之，叶似桐，大而尖。花似木槿而大，从根至顶，次第开出。单瓣者多，若千叶、五心、重台、剪绒、锯口者，虽有而难得。若栽于向阳肥地，不时浇

图30-1　白色红纹单瓣蜀葵　　图30-2　白色重瓣蜀葵

图30-3　淡红色重瓣蜀葵

灌，则花生奇态，而色有大红、粉红、深紫、浅紫、纯白、墨色之异，好事者多杂种于园林。开如绣锦夺目。八月下种，十月移栽，宿根亦发。"其描述与我们今日所见之蜀葵几乎完全一致。笔者附几张照片示其颜色之变化（图30-1至图30-6）。蜀葵约于15世纪

图30-4　粉红色单瓣蜀葵

图30-5　红色单瓣蜀葵

图30-6　深红色单瓣蜀葵

前后传入日本，据明代杨穆《西墅杂记》记载：成化甲午年间（注：1474年）有倭人入贡，见栏前蜀葵花不识，因问之，然后题诗云："花如木槿花相似，叶比芙蓉叶一般。五尺栏杆遮不尽，尚留一半与人看。"可见当时日本国内还没有蜀葵。此后，蜀葵开始传入日本。传入的时间与日本历史记载相符合。蜀葵1573年传入欧洲。至今约栽培、选育出10几个品种。

唐代诗人岑参写过一首《蜀葵花歌》："昨日一花开，今日一花开。今日花正好，昨日花已老。始知人老不如花，可惜落花君莫扫。人生不得长少年，莫惜床头沽酒钱。请君有钱向酒家，君不见，蜀葵花。"诗中以蜀葵花开花时间较短，比喻"人生苦短"，流露出"及时行乐"的悲观情绪。而蜀葵花更多的则是得到历代诗人的赞美，如唐代徐夤诗《蜀葵》："剑门南面树，移向会仙亭。锦水绕花艳，岷山带叶青。文君惭婉娩，神女让娉婷。烂漫红兼紫，飘香入绣扃。"和明代高启的《葵花》："艳发朱光里，丛依绿阴边。夕同山藓落，午并海榴燃。幽馥流珍簟，鲜辉照藻筵。群芳已谢赏，孤植转成邻。"以及清代叶申芗词《减字木兰花·蜀葵》："岂同凡卉，一别月支来万里。烂漫春风，值得名为一丈红。无香有色，墙角篱边谁爱惜。莫等闲看，曾被诗人比牡丹。"都是对蜀葵的贴切赞美。有的诗人甚至更明确指出蜀葵花之所以不被人重视是由于它的"过于普及"和它的"大众化"，实际上这正是蜀葵花得到大众赞赏的魅力之所在。元代诗人许衡的《继人葵花韵》写道："戎葵花色耀深浓，偏称修丛映短丛。绛脸有情争向日，锦苞无语细含风。舒开九夏天真秀，压倒千年画史工。但恨主人贫且窭，不教相对舞衣红。"唐代陈标的《蜀葵》："眼前无奈蜀葵何，浅紫深红数百窠。能共牡丹争几许，得人轻处只缘多。"也是类似的赞美。在大量的蜀葵诗中，被赞美得最多的是它的"向阳之心"，历代文人墨客往往以赞美蜀葵花来影含对封建君主的一片忠心。如：宋代杨巽斋的《蜀葵》："红日青黄弄浅深，旄分幢列自成阴。但疑承露矜殊色，谁识倾阳无二心。"韩琦诗《蜀葵》："炎天花尽歇，锦绣独成林。不入当时眼，其如向日心。宝钗知见弃，幽蝶或来寻。谁许清风下，芳醪对一斟。"和明代诗人李东阳的《蜀葵》诗："羞学红妆媚晚霞，只将忠赤报天家。纵教雨黑天阴夜，不是南枝不放花。"及唐代张九龄诗句"园葵亦向阳"与明代林光的诗句"向阳已识葵真性，长养还须花信风"等，都是类似诗词的代表。

蜀葵花可以入药、入馔，具清热解毒、和血润燥和通利二便之功效。从其花中提取的花青素，可为食品的着色剂。笔者在此介绍一款花馔"蜀葵花蛋花汤"（图30-7）。新鲜蜀葵花瓣5克，洗净、切丝，在温水中略浸泡；春笋尖两个，洗净切片；香菇两个，水发，切片；鸡蛋一枚，打匀。锅中放少量油把笋片和香菇先煸炒一下，倒入鸡汤共煮。汤滚时边搅拌边徐徐倒入打匀的鸡蛋制成蛋花汤，加少许盐调味。起锅后，再加入蜀葵花瓣即可。本花馔有清热解毒、和血润燥和养颜美容作用。

图30-7　花馔：蜀葵花蛋花汤

紫藤花

ZI TENG HUA

晓来微雨藤花紫

　　见过紫藤的人，个个都会对它留下深刻的印象。紫藤的花又多又密，并且成串地从藤上挂下，像在藤上停满了蝴蝶或者小鸟。王国维曾有一首词《蝶恋花》描写紫藤，其中诗句"高柳数行临古道，一藤红遍千枝杪"，确是对紫藤的绝妙写照。清代诗人查慎行在《吏部厅藤花赋》中曰："其为木，则非丛非苞，非灌非乔，阿那冶叶，荏苒倡条。比丝萝之善附，俄橡木而抽梢。其为色，则在皓非白，在朱非赤，俪绿妃红，实维间色。"对紫藤及其花色作了十分贴切的描述。

　　紫藤为豆科紫藤属植物，学名：*Wisteria sinensis*，有朱藤、藤萝、藤花、黄镮等别名（图31-1）。全世界有紫藤属10种，主要分布和栽培国为中国、日本和美国。中国共7种，其中5种中国原产，2种从日本引进。我国对紫藤的栽培最早可追溯到汉代。汉代扬雄

图31-1 紫藤

的《蜀都赋》中，就提到"青珠黄镮"。此后晋代稽含的《南方草木状》中也载有其名。至唐宋时期，紫藤已被广泛栽种，许多诗文中都提到紫藤。如：李白那首描绘紫藤最著名的五言绝句《紫藤树》："紫藤挂云木，花蔓宜阳春。密叶隐歌鸟，香风留美人。"约在盛唐时期，紫藤被引入到朝鲜和日本。1816年英国自华引入一株紫藤植于伦敦邱园，此后紫藤开始传入欧洲。上海黄园在20世纪三四十年代从日本引进两种日本原产紫藤，其中多花紫藤（图31-2）在一些公园、绿地中，有时还可见到。

　　唐宋后描述紫藤的历代诗词作品中有很多不错的作品。这里试录几首：唐代李德裕的《忆新藤》：

图31-2　多花紫藤

　　"遥闻碧潭上，春晚紫藤开。水似晨霞照，林疑彩凤来。清香凝岛屿，繁艳映莓苔。金谷如相并，应将锦帐回。"把紫藤在水中的倒影比喻为朝霞，林中的紫藤比喻为彩凤，并称其清香在岛上凝聚久久不散，真可谓是紫藤的知音也。贾岛的《莲峰歌》："锦砾潺湲玉溪水，晓来微雨藤花紫。冉冉山鸡红尾长，一声樵斧惊飞起。松刺梳空石差齿，烟香风软人参蕊。阳崖一梦伴云根，仙菌灵芝梦魂里。"和明代张弼的《偶题》："空濛山色晴还雨，缭绕溪流曲又斜。短杖微吟过桥去，东风满路紫藤花。"都描绘了一幅优美的山居风景图。清代有不少词人写过与紫藤有关的词。如：李家璐的《醉花阴·春晚坐花下作》："小阁西偏帘窣地，门掩藤花里。何处觅幽香？翠络朱英，一苑春零细。　东风暗起知沉醉，玉雪纷纷坠。中庭日午悄无人，蝶冷莺闲，别有残春味。"对晚春时，他花已谢，而紫藤独开的一派残春景象描绘得十分贴切。蒋宛仪的《偷声木兰花·自题画紫藤》："金莺啼破窗纱曙，绀架垂垂笼紫雾。一片晴香，浓护湘帘昼影长。 料应昨夜群仙醉，揉得绛云千缕碎。罥住东风，只在秋千小院中。"把串串藤花比喻为群仙醉后揉碎的缕缕绛云，再把它们织成网（紫藤花又多又密，还真像网），用来把东风罥在我家小院中，好一个"罥"字，实是别出心裁。笔者倒是觉得那多花紫藤像极了天女用群仙揉碎的绛云编织的一挂疏帘，不知又编织进多少情女的幽梦。而在清代钱季重词《六丑·朱藤》："正木棉乍试，又砌石纷披花萼。计春竟留，尽蜂狂蝶恶，亭午风弱。屈指人何在？小庭深处，剩一枝天灼。胭脂满地余香足，乱撇银筝，轻调湘竹。回头已成依约，听风风雨雨，春去无脚。 南园西阁，玉虎缠金钥。一十三年久，香漠漠。兔葵燕麦森束，纵有人护惜，也教错愕。浓阴密，半来帘箔。也不是当日匀香晕粉，珍珠珞索。春云里，细语叮嘱。恐飞红吹到他边去，惹伊泪落。"字里行间，则不难看出其伤春之情。

紫藤花入馔在历代文献中有不少记载，如金代冯延登诗《藤花得春字》："白白红红委暗尘，苍藤次第著花新。龙蛇奋起三冬蛰，璎珞纷垂百尺身。见说紫云偏德意，不知翠幄巧藏春。齐厨晚甑清香满，未信侯门有八珍。" 从白居易的《招韬光禅师》："白屋炊香饭，荤膻不入家。滤泉澄葛粉，洗手摘藤花。青芥除黄叶，红姜带紫芽。命师相伴食，斋罢一瓯茶。"和明代高启《杨氏山庄》："斜阳流水几里，啼鸟空林一家。客去诗题柿叶，僧来供煮藤花。"来看，藤花还常被用来招待客人，特别用于招待吃素的出家人。《养小录》和《广群芳谱》都记载了藤花入馔的制作方法。清代顾仲《养小录》曰："藤花：搓洗干，盐汤酒拌匀，蒸熟晒干，留作食馅子甚美。腥用亦佳。"藤花在中国各地民间一直都有入馔传统，老北京有个著名的点心"藤萝饼"就是用藤花为馅制作的饼。据说梁实秋先生老年时经常怀恋思食老北京的"藤萝饼"。按照《养小录》介绍的方法，笔者试制了这款"藤花包子"（图31-3）。收集紫藤花洗净、晒干，加盐、黄酒蒸熟做馅；用制作包子方法发面，擀面，包成包子上蒸笼蒸熟即可。

本花馔有利水消肿、散风止痛的作用。

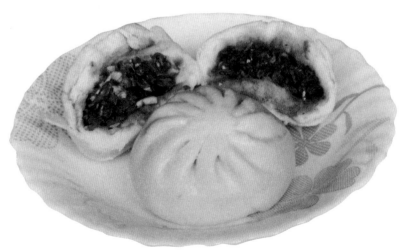

图31-3 花馔：藤花包子

金樱花

JIN YING HUA

金樱花

霜红半脸金樱子

　　小时候读过一句诗，叫做"霜红半脸金樱子"，一直觉得很有意思，无意中就这么记住了。后来由于工作的缘故，经常上山，发现金樱子真的大多数是半边红色，而另外半边却带着绿色。当然这都是太阳的杰作。金樱子是一种喜阳植物，阳光常照射的半边果实就变成了红色（图32-1）。另一个让我不能忘记金樱子的理由就是金樱子果实非常甜，在广西人们把它叫作老糖果或糖罐子。有时走山路走得又困又累的时候，见到有成熟的金樱子就会无比喜悦。尽管它水分不多，但其所含的糖分却能产生不少的卡路里。

图32-1　金樱子

在南方，如果你四五月份进山的话，绝对会对金樱子的花留下深刻的印象。那时简直是金樱花的天下，漫山遍野一片白色。尽管花色单一，但是由于花大而多，显得格外耀眼（图32-2）。

金樱子和玫瑰、月季、蔷薇都同属于蔷薇科蔷薇属。金樱子的拉丁学名为*Rosa laevigata*，它是蔷薇属中的一个古老野生种，目前也被中外园艺工作者用作杂交现代月季的亲本之一。金樱子的名字来历还有一段传说：据说古代有一家兄弟三人，各自成家后，只有老三生了一个儿子。所以一家三房把老三的儿子当成了传宗接代的掌上明珠。但这孩子的身体非常羸弱，到了十三四岁还要尿床。眼看到了成婚的年龄，多次请人说亲都没成功。只得先给孩子治病。到处求医问药，也总不见效。一天，村里来了个走方郎中，是个老头，身上背着个药葫芦，药葫芦的颈脖还系着一个显眼的金黄色缨穗。兄弟三人急忙把老郎中请进家，询问是否有治疗尿床的草药，并苦苦哀求说我们哥仨就这么一根独苗，他要是成不了亲，我们这一家就绝后了，请他想想办法。老郎中自己也没有儿子，十分同情他们。说："南方倒有一种草药可治尿床，可那地方到处有瘴气，很危险。但是为了你们的孩子，我就为你们去一趟吧。"兄弟三人一听，立即跪下叩谢。老人摆摆手就朝南走了。一直过了三个月，老人才回来。只见他浑身浮肿、面无血色。兄弟三人忙搀扶住老人问："您怎么啦？"老人有气无力地说："我中了瘴气的毒！""有药治吗？"

老人摇了摇头，把葫芦往桌上一放，指着一种果实说：
"这就是治你们孩子病的药。"说完，就咽气死了。全
家人厚葬了老郎中，然后把他带来的药煎汤给孩子喝
了。果然治愈了孩子尿床的疾病，不久就为他娶了亲，
第二年还抱上了孙子。大家都不认识郎中采来的草药，
为了纪念他，就用他葫芦上挂的"金缨子"来命名此
药。后来"金缨子"被改成了"金樱子"，估计是因为
它是树上结的果实，用木字旁比较妥当。原来金樱子入
药确实有收敛、固涩作用，用来治疗尿床正好对症下
药。我无法考证传说发生的年代，但起码要在宋朝以
前，因为宋代的诗文中已有不少金樱子的记载。如：杨
万里的诗《初夏即事》："密有花红绿刺长，似来作伴
石榴芳。金樱身子玫瑰脸，更吃饧枝蜜果香。"《秋晓
出郊》："初日新寒政晓霞，残山剩水稍人家。霜红半
脸金樱子，雪白一川荞麦花。"和诗人丘葵的五律《金
樱子》："采采金樱子，采之不盈筐。佻佻双角童，相

携过前岗。采采金樱子，芒刺钩我衣。天寒衫袖薄，日暮将安归。"此后，明代的陈献章也写过好几首与金樱子有关的诗词。其中《社西村》："孤村比屋静，疏竹小塘幽。何处还三径，如公也一丘。晚田行布狗，春草散軥辀。汲涧谁家女，金樱插满头。"一个孤村，几间小屋；稀疏小竹林，幽静小池塘；宁静的小路上却走着一个满头插着金樱花的汲水女孩。好一幅优美的田园风情画！陈献章还有诗云："苍烟裒树溪冥冥，夜半江楼笛一声。怅望错疑溪女折，满头只惯插金樱。"看来在明代金樱花作为簪花深得乡间妇女的喜爱。

金樱子的果实和花都有固精缩尿、涩肠止泻的功效。除入药外，还可入馔。其果实可煎煮、酿酒和熬膏。不少诗人的作品中都可见到。如宋代诗人姚西岩七绝《金樱子》："三月花如檐卜香，霜中采实似金黄。煎成风味亦不浅，润色犹烦顾长康。"明代陈献章诗句："暖脐一盏金樱酒，降气连朝附子汤。"而宋代黄庭坚的诗《和孙公善李仲同金樱饵唱酬》非常明确地指出金樱子熬膏的延年益寿作用。诗曰："人生欲长存，日月不肯迟。百年风吹过，忽成甘蔗滓。传闻上世士，烹饵草木滋。千秋垂绿发，每恨不同时。李侯好方术，肘后探神奇。金樱出皇坟，刺橐览霜枝。寒窗司火候，古鼎冻胶饴。初尝不可口，醇酒和味宜。至今身七十，孺子色不衰。田中按耘鉏，孙息亲抱持。却笑邻舍公，未老须杖藜。"既细致又易懂地阐述了金樱子膏的制作、服食方法及抗衰老功效。笔者在此介绍一款用金樱花制作的花馔"金樱花双笋瘦肉卷"（图32-3）。选大片的金樱花瓣20张，洗净备用；芦笋尖20根摘取约8厘米长；冬笋尖一个，猪瘦肉一块，都切成约8厘米长的丝；黄花菜水发。用10张金樱花瓣把芦笋、冬笋和瘦肉丝包成卷，用黄花菜系紧，放在盘中蒸熟。出盘时每个卷的下面再衬垫一片金樱花瓣，然后浇上用酱油、醋、麻油等调成的汁即可。

　　该花馔中金樱花有固涩、补肾作用，芦笋中含较高的叶酸和微量元素硒，所以有较好的抗癌和预防疾病功效，冬笋含大量膳食纤维，具通便和美容作用。三者合用更增强补肾、美容和调节机体免疫力的功能。

图32-3　花馔：金樱花双笋瘦肉卷

萱草花

萱草花

丽日萱花照五云

　　五月的第二个星期日，国人现在也已完全开始习惯和重视这一天，那是来源于西方的母亲节。通常子女们会在那天向母亲敬献康乃馨花，以示自己的感激之情。故康乃馨也被称为母亲花。确实中国也有自己的母亲花，那就是"萱花"。中国古代人们常常用萱花来代表母亲，母亲居住的堂屋前要种植萱草，所以"萱堂"也成了母亲的代名词。明代诗人程敏政就有"阶前五月萱花吐，日日见花如见母"的诗句。唐代诗人孟郊的《游子诗》："萱草生堂阶，游子行天涯。慈母依堂前，不见萱草花。" 宋代诗人叶梦得的诗句："白发萱堂上，孩儿更共怀。"都表达了类似的意思。而文天祥的七律《庆罗氏祖母百岁》则用萱花的耀眼艳丽来比喻老人的奕奕神采。诗云："丽日萱花照五云，升堂风采见乾淳。蓬莱会上逢王母，婺女光中见老人。雨露一门华发润，江山满座绿衣新。只将千载苓为寿，更住人间九百春。"

图33-1 萱草

　　萱草为百合科萱草属植物，学名：*Hemerocallis fulva*（图33-1）。萱草属植物全世界共20种，我国有12种。萱草在我国的栽培已有2000多年的历史，《诗经·卫风·伯兮》中就有诗句："焉得谖草，言树之背。愿言思伯，使我心痗。"意思是："如何能得到萱草，种在北面的厅堂前，让我忘记忧伤。因提起那思念的丈夫，会使我心中悲伤。"并且早在中世纪我国萱草就开始传到欧洲。至1890年，除个别种外，萱草属植物几乎所有的种都引种到了欧洲和美洲，成了重要的园林植物。我国的萱草进入欧、美后，通过大量的杂交和多倍体育种等方法，培植出了很多新品种系列，特别是"大花萱草"系列，无论是花朵大小和色泽艳丽方面都给人眼睛一亮的感觉。笔者在这里附几张在欧洲拍摄的大花萱草照片，供各位欣赏（图33-2至图33-5）。目前

图33-2　大花萱草

图33-3　红色大花萱草

图33-4　黄色大花萱草

图33-5　粉红色大花萱草

全世界萱草的栽培品种已多达10000多种，已经成了百合科中品种最多的属。

据西晋张华编撰《博物志》载："《神农经》曰，中药养性，谓合欢蠲忿，萱草忘忧。"故古称萱草为忘忧草。李时珍《本草纲目》释其意云："萱草本作谖。谖，忘也。诗云'焉得谖草，言树之背。'谓忧思不能自遣，故树此草玩味，以忘忧也。"晋代夏侯湛写了篇《忘忧草赋》："淑大邦之奇草兮，应则百之休祥。禀至贞之灵气兮，显嘉名以自彰。冠众卉而挺生兮，承木德于少阳。体柔性刚，蕙洁兰芳。结纤根以立本兮，嘘灵渥于青云。顺阴阳以滋茂兮，笑含章之有文。远而望之，烛若丹霞照青天。近而观之，晔若芙蓉鉴绿泉。萋萋翠叶，灼灼朱华。炜若珠玉之树，焕如景宿之罗。克后妃之盛饰兮，登紫微之内庭。回日月之晖光兮，随天运以虚盈。"作者竭尽褒奖之词来赞颂萱草，恐怕是前无古人，后无来者了。此外，明代诗人余继登也有"森森萱叶何青葱，袅袅萱花吐金紫。共道此花应有神，托根日与松芝邻"诗句的描述。而高启诗《萱草》："幽华独殿众芳红，临砌亭亭发几丛。乱叶离披经宿雨，纤茎窈窕擢薰风。佳人作佩频朝采，倦蝶寻香几处通。最爱看来忧尽解，不须更酿酒多功。"更说明"看萱解忧"胜过"以酒浇愁"。唐代沈颂诗："卫风愉艳宜春色，淇水清泠增暮愁。总使榴花能一醉，终须萱草暂忘忧。"也是类似的意思。我有时会考虑：世上有那么多花，为何偏偏萱草被冠以"忘忧"美名？试分析与其个性有关：叶似兰蕙、碧绿青翠；花如百合、亭亭玉立；色泽明艳，香气馥郁；又特别容易栽植，就如夏侯湛所说的"体柔性刚，蕙洁兰芳"。但也有诗人认为，萱草未必能忘忧，有时似乎会更添新愁。如：唐代吴融《忘忧花》："繁红落尽始凄凉，直道忘忧也未忘。数朵殷红似春在，春愁特此系人肠。"和宋代周紫芝诗："雕尽朱颜白尽头，种花本为欲忘忧。谁知花上风和雨，添得周郎一段愁。"但不管怎么说，"忘忧花"总是个美丽的名字，它象征着一种愿望、一句祝福。就如清代刘嗣绾词《南乡子·萱花》所写："艳艳北堂幽，一院黄金散未收。花意不知儿女苦，风流。笑看邻姬插上头。结佩最宜秋，只怪萧郎爱远游。记得常言名字好，忘忧。可要生儿似莫愁。"

萱草还有一个名字叫宜男草，晋代周处的《风土记》曰："怀妊妇人佩其花，则生男，故名宜男。"宋代袁去华的《清平乐》："春愁错莫。风定花犹落。斗草踏青闲过却。乳燕鸣鸠自乐。行人江北江南。满庭萱草毵毵。且恁忘忧可矣，只他怎解宜男。"提出疑问："要说萱草能解忧倒也算了，真不知它怎能使佩带之人生男孩子？"明代唐庠的七绝《蕉萱仕女》："罗袜生香踏软沙，钗横玉燕鬓松鸦。春心正似芭蕉卷，羞见宜男并蒂花。"把春心萌动少女见到萱花时的羞涩之态刻画得淋漓尽致。而唐代于鹄七绝《题美人》："秦女窥人不解羞，攀花趁蝶出墙头。胸前空带宜男草，嫁得萧郎爱远游。"和宋代无名氏词《夜游宫》："是处追寻侣。灯光散、九衢红雾。人在星河繁闹处。暗相逢,惹天香,飘满路。游困先归去。奈怨别相思情绪。闲傍小桃还独步。月明寒,捻宜男,无一语。"都借着所佩"宜男花",表达了思念远方亲人的复杂心情。

萱草可入药,具清热解毒、凉血止血,宽胸消食之功效。《本草求真》曰:"萱草味甘而气微凉,能去湿利水,除热通淋,止渴消烦,开胸宽膈,令人心平气和,无有忧郁。但气味清淡,服之功未即臻,不似气猛烈药,一入口而即见其有效也。"想不到萱草入药还真有解忧作用。萱花入馔有一个通俗的名字"金针菜"。尽管我们现在所食的金针菜主要为萱草属的另一个种:黄花菜(*Hemerocallis citrina*)(黄花菜的花色为柠檬黄色),但萱草的花也一直混在黄花菜中食用。国人自古以来就喜食萱花,如:宋代高濂《野蔬品·黄香萱》载:"夏时采花,洗净,用汤灼,拌料可食。入素品如豆腐之类,极佳。先办料头,每醋一大酒盅,入甘草末三分,白糖霜一钱,麻油半盏,和起作拌菜料头;或加捣姜些少,又是一制。凡花采来洗净,滚汤灼起,速入水漂一时,然后取起榨干,拌料供食,其色青翠不变如生,且又脆嫩不烂,更多风味。家菜亦如此法。他若炙爆作齑,不在此制。"提出了萱花的好几种吃法。需要注意的是:新鲜的萱花或黄花菜含秋水仙碱等生物碱,有一定毒性。必须开水煮后再漂洗,然后挤干水分再食用。最好漂洗后晒干,食用时再泡发,口感就更好。笔者在此介绍一款花馔"黄花菜面筋煲"(图33-6)。用料：黄花菜、油面筋、冬笋、香菇、鸡腿菇、黑木耳。

制作：黄花菜、香菇、木耳水发；香菇、冬笋、鸡腿菇切片，和黄花菜一起在油中煸炒一下；然后加入所有食材和水共煲，用盐调味。煲熟时再淋上麻油即可。有宽胸解忧、健胃消食和理气除烦的作用。

图33-6 花馔：黄花菜面筋煲

蜡梅花

LA MEI HUA

蜡梅花

蜡梅开遍总如金

图34-1 蜡梅

在所有冬日开放的花中，没有哪一种花能像蜡梅那样更引人注目的了。蜡梅花开在腊月，是一年中最寒冷的季节。而蜡梅却越冷开得越欢，越冷开得越香。似乎只有天寒地冻，在风刀霜剑的激励下，才能把它一年来积累的馥郁香气释放出来。作为12月的花盟主（明代屠本畯《瓶史月表》），一年中唯有此时才是它的天下。

蜡梅隶属于一个很小的科：蜡梅科。蜡梅科一共三个属；蜡梅属、美国蜡梅属和夏蜡梅属，三个属植物全世界总共不到10个种。蜡梅属全世界共4种，全部产于中国。蜡梅学名：Chimonanthus praecox（图34-1），主要分布于我国的中部地区。据宋代诗人范成大《范村梅谱》云："（蜡梅）本非梅类，以其与梅同时，而香又相近，色酷似蜜脾，故名蜡梅。"因色黄，又名黄梅；因腊月开花，又称腊梅。蜡梅在我国的栽培可追溯到唐代，《全芳备祖》中收载有唐代诗人杜牧的七言诗散句"蜡梅迟见三年花"。而宋代有大量诗词作品提到蜡梅，可见蜡梅那时已被广泛栽培，并且已经有好几个栽培品种出现。范成大的《梅谱》中就提到了磬口梅、狗蝇梅等名称。至今为止蜡梅的栽培品种已达数百种，仅赵天榜等主编的《中国蜡梅》一书中，就记载了中国的蜡梅品种165个。笔者对蜡梅的栽培品种并不熟悉，只知道自古以来就有记载的最普通的3种：磬口蜡梅、狗牙蜡梅（即：狗蝇梅）和素心蜡梅。磬口蜡梅的中层花瓣宽而大，有紫色条纹，顶端反卷，花开成钟状（图34-2）。狗牙蜡梅中层花瓣狭长，有紫色条纹，花小（图34-3）。据专业人士调查，野生的蜡梅大多为狗牙蜡梅。而素心蜡梅中内层花瓣无紫色条纹（图34-4）。

　　蜡梅因其花寒冬开放、傲雪斗霜而受不少诗人赞赏。如朱熹诗《蜡梅》："风雪催残腊，南枝一夜空。谁知荒草里，却有暗香同。姿莹轻黄外，芳腾浅绛中。

图34-2磬口蜡梅

图34-3　狗牙蜡梅

图34-4 素心蜡梅

不遭岑寂侣，何以媚芳丛。"明代史谨的七律《谢郭舍人赠蜡梅》："郭相名园近上林，蜡梅开遍总如金。花含正气冰霜怯，色占中央雨露深。枝上远疑黄蝶缀，鬓边惟称玉人簪。折来为乏琼琚报，聊托微言表寸心。"认为蜡梅能傲雪斗霜是因为它的一身正气，连冰刀霜剑都为之怯步。宋唐仲友的七绝："此花清绝似幽人，苦耐冰霜不爱春。蜡蕊轻明香万斛，黄姑端的是前身。"也有类似的意思。陆游诗《荀秀才送蜡梅》："与梅同谱又同时，我为评香似更奇。痛饮便判千日醉，清狂顿减十年衰。色疑初割蜂脾蜜，影欲平欺鹤膝枝。插向宝壶犹未称，合将金屋贮幽姿。"觉得尽管蜡梅和梅花同谱（都有"梅"字，古人常常认为它们同谱）又同时开在严冬，但是觉得蜡梅的香更奇特一些。毛滂的词《踏莎行》："粟玉玲珑，雍酥浮动。芳跗染得胭脂重。风前兰麝作香寒，枝头烟雪和春冻。蜂翅初开，蜜房香弄。佳人寒睡愁和梦。鹅黄衫子茜罗裙，风流不与江梅共。"则认为蜡梅的"黄衫红裙"，清高胜过梅花的"一时风流"。宋代无名氏的《浣溪沙·蜡梅》写得更有意思："梅与为名蜡与容。寒枝偏缀小金钟。插时只恐鬓边熔。疑是佳人薰麝月，起来风味入怀浓。暗香依旧月朦胧。"蜡梅似乎真的是蜡做的，把它插在鬓边，怕体温把它熔化了；尽管花不大，但幽香却不小，犹如佳人薰了麝香，其香久久不散。黄庭坚的《戏咏蜡梅》称蜡梅："金蓓锁春寒，恼人香未展。虽无桃李颜，风味极不浅。"宋代陈棣的七绝《蜡梅》："林下虽无倾国艳，枝头疑有返魂香。新妆未肯随时改，犹是当年汉额黄。"也与之相似。南宋诗人楼钥诗《咏蜡梅水仙》："二姝巧笑出兰房，玉质檀姿各自芳。品格雅称仙子态，精神疑著道家黄。宓妃漫诧凌波步，汉殿徒翻半额妆。一味真香清且绝，明窗相对古冠裳。"把水仙和蜡梅比喻为两个美女，一个妖艳、一个清高，一个是洛神仙女、一个是汉宫妃子，互相衬托而又各具特色。以至明代袁宏道编写《瓶史》称："蜡梅以水仙为婢。"

因为蜡梅的花黄色，开时常倒挂，因此历代也有不少诗人把它比喻为蜂房。如宋代马子严词《浪淘沙》："娇额尚涂黄，不入时妆。十分轻脆奈风霜。几度细腰寻得蜜，错认蜂房。东阁久凄凉，江路悠长。休将颜色较芬芳。无奈世间真若伪，赖有幽香。"蜡梅色黄、又奈风霜，致使蜜蜂把它错认蜂房。更感叹人世间有时真伪不辨，蜡梅幸好还有幽香赖以作证。类似描述的还可见宋代诗人姚西岩和谢翱的七绝《蜡梅》。姚诗云："花簇柔枝疑蜜窍，蒂含新蕊似蜂房。外无梅粉铅花饰，中有兰心紫晕香。"谢诗曰："冷艳清香受雪知，雨中谁把蜡为衣。蜜房做就花枝色，留得寒蜂宿不归。"

蜡梅花可入药、入馔。入药有解暑生津作用，明代龚廷贤《寿世保元》中，记载有"千里梅花丸"："枇杷叶、干葛末、百药煎、乌梅肉、蜡梅花、甘草各一钱。上俱为末，用蜡五两。先溶蜡开，投蜜一两，和药末，捣二三百下，丸如鸡头实大。夏月长途，嚼化一丸，津液顿生。寒香满腹，妙不可言。"朱橚《救荒本草》指出："蜡梅花可食，味甘微苦。采花炸熟，水浸淘净，油盐调食，能用于救荒。"笔者在此介绍一款花馔"蜡梅花春笋蘑菇汤"（图34-5）。取素心蜡梅花20朵（素心蜡梅口感相对好些），焯水后沥干水分；竹笋尖1个，切片；新鲜蘑菇2个，切片；锅中放少量油，把笋片和蘑菇片略炒后加水煮汤，汤滚时放入盐和蜡梅花，再滚即可。倒入碗中时，可撒入少量胡椒粉，并滴入数滴麻油。本花馔具解暑生津，开胃散郁，顺气止咳等功效。

图34-5　花馔：蜡梅花春笋蘑菇汤

南瓜花

南瓜花

也傍桑阴学种瓜

在西方有一个与南瓜很有渊源的节日，那就是万圣节。当然随着在中国的外国人越来越多，万圣节的氛围也渐渐影响到了中国。万圣节又称"鬼节"，它起源于2000多年前的古爱尔兰。他们把10月31日定为万圣节，认为故人的亡魂会在此日回到故居，在生者身上寻找生机，借以重生。而生者则惧怕亡魂来夺生，于是就在此日熄火灭烛，使亡魂无法找到，又同时把自己打扮成妖魔鬼怪以把亡魂吓走。其间必不可少的宠物就是南瓜灯。据说南瓜灯是爱尔兰人Jack所发明，所以又叫做"杰克灯"。最初的"杰克灯"是用萝卜做的，即在挖空的萝卜中点一支小蜡烛。爱尔兰人到了美国后，发现无论在取材和雕刻上，南瓜均远胜于萝卜，于是改用南瓜，把内部镂空，外面雕成人面形，中间点上蜡烛，用以驱散鬼魂。至于南瓜灯的传说，也有两种：一种说是人类挖空了南瓜又刻上鬼脸点上蜡烛，用来驱散鬼魂；

图35-1　南瓜灯

另一种说法是鬼魂点上了烛火，试图骗取人们上当而跟着它们走，所以人们就在南瓜表面刻上一个笑脸，用以嘲笑鬼魂：哼！我才不会上当跟你走呢（图35-1）。

南瓜是葫芦科南瓜属植物，学名：*Cucurbita moschata*（图35-2、图35-3）。原产墨西哥到中美洲一带，9000年前已开始被驯化种植。全世界的南瓜属植物共27种，5个栽培种。我国栽培有3种，即：南瓜、笋瓜（*C. maxima*）和西葫芦（*C. pepo*）。有可靠的证据证明南瓜种子是1494年哥伦布第二次去美洲新大陆后带回欧洲。后开始在园圃、温室里栽培。16世纪中叶（中国明代）经东南亚传入中国东南沿海，然后传遍全国各地。近些年来世界各地种植培育出各式的南瓜品种非常多（图35-4）。由于中国的南瓜由南番之国（菲律宾等国）传入，所以有南瓜、番瓜之称。明代王象晋《群芳谱》

图35-2　南瓜雄花

图35-4　形形色色的南瓜　　　　　　图35-3　南瓜雌

曰："南瓜附地蔓生。茎粗而空，有毛。叶大而绿，亦
有毛。开黄花。结实，形横而竖扁，色黄，有白纹界
之，微凹。煮熟食，味面而腻，亦可和肉做羹。"清代
文人高士奇在《北墅抱瓮录》中说："南瓜愈老愈佳，
宜用子瞻煮黄州猪肉之法，少水缓火，蒸令极熟，味甘
腻，且极香。"

南瓜不仅可以果腹，而且还有很好的营养保健作用，有保护胃粘膜，帮助消化，降血糖及解毒排毒的功能。南瓜的花也可入馔、入药。南瓜花入药除内服用于清热解毒、除湿消肿外，还可以阴干研末用于外伤止血、止痛，或调醋外敷用来治疗痈疽肿毒。清代何刚德的《抚郡农产考略》载："南瓜花叶均可食，食花宜去其心与须，乡民恒取两花套为一卷其上瓣，泡以开水盐渍之，署日以代干菜，叶则和苋菜煮食之。"因南瓜是单性花，为了不影响南瓜的产量，入馔常可选用雄花。既可面拖后油炸，也可煮汤。笔者在广西工作期间，曾常食南瓜花汤，至今回味犹存。煮南瓜花汤时，必须加入南瓜的幼嫩藤蔓，味道才会格外鲜美。在此笔者就依当年所食，介绍该款花馔"南瓜花汤"（图35-5）。采新鲜南瓜雄花10朵，去蒂和花蕊，洗净；新鲜南瓜幼嫩

图35-5　花馔：南瓜花汤

藤蔓头（可带2～3张嫩叶），抽去筋，摘断，嫩叶用手搓揉，使其变柔。锅中放少量油，把藤、叶先在油锅里翻炒，再加瓜花和水煮汤。汤滚时用盐调味，并淋少量麻油即可。本花馔有清热利湿、消肿解毒之功效。

明代后诗人有少数涉及南瓜瓜蔓入馔的诗句，如清代黄遵宪诗句"可怜时后才无几，瓜蔓抄来摘更稀"，近代南粤张采庵诗句"瓜蔓已都无可摘，豆其何苦更相煎"等。历代诗人真正描述南瓜的诗词很少，可能认为此乃粗俗之物，不值颂吟。只有几首田园诗提到南瓜，如：明代袁宏道的《答君御诸作》："溪流片片叠春纱，红树前头又一家。寄语青门种瓜叟，种瓜先种枕头瓜。"其中"枕头瓜"即南瓜。清代黄小帆诗："南瓜未种雨霏霏，小麦含烟碧四围。陇上流连翘首望，膏田水足谷芽肥。"而宋代范成大的诗《田园杂兴》："画出耘田夜绩麻，村庄儿女各当家。童孙未解躬耕织，也傍桑阴学种瓜。"勾画了一幅十分生动的田园风情画。尽管其种的肯定不是南瓜，因为宋代南瓜还未引入中国。但是由于诗写得不错，故把诗中最后一句作为本篇的标题。

锦带花

JIN DAI

花
HUA

锦带花

一簇柔条缀彩霞

　　季春时节庭院里最引人注目的花恐怕非锦带花莫属了。此花的奇特之处在于其细长柔韧的枝条上点缀着颜色、深浅各不相同的花，犹如织锦之带，故名锦带花。清代汪灏《广群芳谱》云："锦带花一名海仙花，一名文官花。此花出荆楚间，有花如锦，遂名锦带花。条如郁李，春末方开，红白二色。"宋代诗人王禹偁的《海仙花诗并序》中写道："海仙花者世谓之锦带。维杨人传云，初得于海州山谷。其枝长而花密，若锦带然。其花未开如海棠，既开如木瓜，而繁丽嫣弱过之。一朵满头，冠不克荷。惜其不香而无子。但可钩压其条，移植他所。因以释草释木验之，皆无有也。近之好事者，作花谱，以海棠为花中之神仙，予谓此花不在海棠下，宜以仙为号。目为锦带，俚孰甚焉，又取始得之地，命曰海仙。且赋诗三章以存其名。一堆绛雪压春丛，嫋嫋长条弄晚风。借问开时何所似，似将绣被覆熏笼。春憎窈宛教无子，天为妖娆不与香。尽日含毫难比并，花中应是卫庄姜。何年移植在僧家，一簇柔条缀彩霞。锦带为名俚且俗，为君呼作海仙花。"好一个"一簇柔条缀彩霞"。笔者认为在所有赞美锦带花的诗句中没有哪一句或者说没有哪一首能达到如此的形象、生动和贴切。由于锦带花太窈窕艳靓，连春天都感忌妒，所以让你不能结籽。也因锦带花的妖娆多姿，连老天都觉美慕，故不再给你香。从王禹偁的诗和序来看，"海仙花"的名字应该也是王禹偁所起。

　　植物分类学上锦带花和海仙花是两个种，它们都属于忍冬科锦带花属。锦带花学名*Weigela florida*（图36-1），海仙花学名*W. coraeensis*（图36-2、图36-3）。两个种可以根据花萼的分裂程度而区分，海

图36-1　锦带花

图36-2 海仙花

仙花花萼裂到底，而锦带花花萼不裂到底。锦带花属较小，全世界大约有10种。除上述两种外，我们还常可见到一种栽培变种，是1982年从美国引进的红王子锦带花，学名W. *florida* cv. *Red Prince*（图36-4）。

宋代诗人有不少颂扬锦带花的作品，如：杨万里的《锦带花》云："天女风梭织锦机，碧丝池上茜栾枝，何曾系住春归脚，只解萦长客恨眉。节节生花花点点，茸茸晒日日迟迟。后院初夏无题目，小树微芳也得诗。"把锦带花比喻为天女以风梭霞机织出的锦带，绿色的锦丝上点缀着朵朵红花。但紧接的两句又微露诗人的悲观情绪，"可惜的是这锦带却留不住春天归去的脚步，只能稍解游子一时的紧锁之眉"。杨巽斋诗《锦带花》："万钉簇锦若垂绅，围住东风稳称身。闻道沈腰易宽减，何妨留与系青春。"把此花看作五彩缤纷之锦带，但它仍然"围不住东风"，也"系不住青春"，钱

再多也是枉然，人不可能"青春永驻"。董嗣杲的七律
《锦带花》也陈述了相似的意境：但愿锦带能"解除相
思之愁、系住离别之情"。诗云："忍见柔枝缀彩英，
愁围未解又清明。茸茸叠萼萦春梦，袅袅长条系别情。

图36-3　海仙花（示一枝数种颜色花）

图36-4　红王子锦带花

有样谩传居士制，无香徒淬海仙名。文臣服色开时验，次第妖娆织不成。"范成大的《锦带花》："妍红棠棣妆，弱绿蔷薇枝。小风一再来，飘飖随舞衣。吴下妖芳槛，峡中满荒陂。佳人堕空谷，皎皎白驹诗。"则较多地从形态上描述锦带花，形容其纤弱之枝在风中摇曳，有如身着锦衣之佳人在翩翩起舞。明代陶安的《题范氏文官花》："卉木无情似有情，九天雨露赐恩荣。何缘颜色频更换，别有春工染得成。"则从其颜色的多变，引申出一个结论：大概是老天对它的特殊照顾所至。

锦带花入馔在历代饮馔古籍中屡有收载。如宋代林洪的《山家清供》、明代高濂的《遵生八笺》和清代顾仲的《养小录》中均收录有"锦带羹"，曰："采花作羹，柔脆可食"。林洪云："锦带者，又名文官花也。条生如锦，叶始生柔脆，可羹。仆居山时，因见有羹此花者，其味亦不恶。"可见"锦带羹"最初可能是用锦带花的嫩叶做羹，以后才发展为用花做羹。唐代诗人杜甫曾有"滑忆彫胡饭，香闻锦带羹"之诗句传世。其中"彫胡饭"为菰米（即茭白的种子）所做的饭，而"锦带羹"则有两种说法：一种如林洪所说，为锦带花所做的羹；而另一种如清初文人仇兆鳌注引朱鹤龄的观点，认为杜甫诗中的锦带羹，实际上是莼菜羹，因为莼菜也有称为"锦带"者。笔者无法考证子美诗中的锦带羹究竟为何种，但起码能证明锦带花确实能入馔做羹，因为林洪亲自尝过，并认为"其味亦不恶"。故笔者在此也把此花馔介绍给读者。新鲜锦带花花冠10克，焯水后，再在冷水中浸漂6小时，锦带花的嫩叶和花都略带苦味，浸漂后可使口味稍佳。用鸡汤和水淀粉在锅中煮羹，加盐调味；羹快煮熟时，放入锦带花，也可在上面撒些葱花或香菜末（图36-5）。

锦带花有清热解毒、凉血、消肿之功效，所以本花馔治疗感冒初起时会有一些作用。

图36-5　花馔：锦带羹